JN128022

もくじ

春

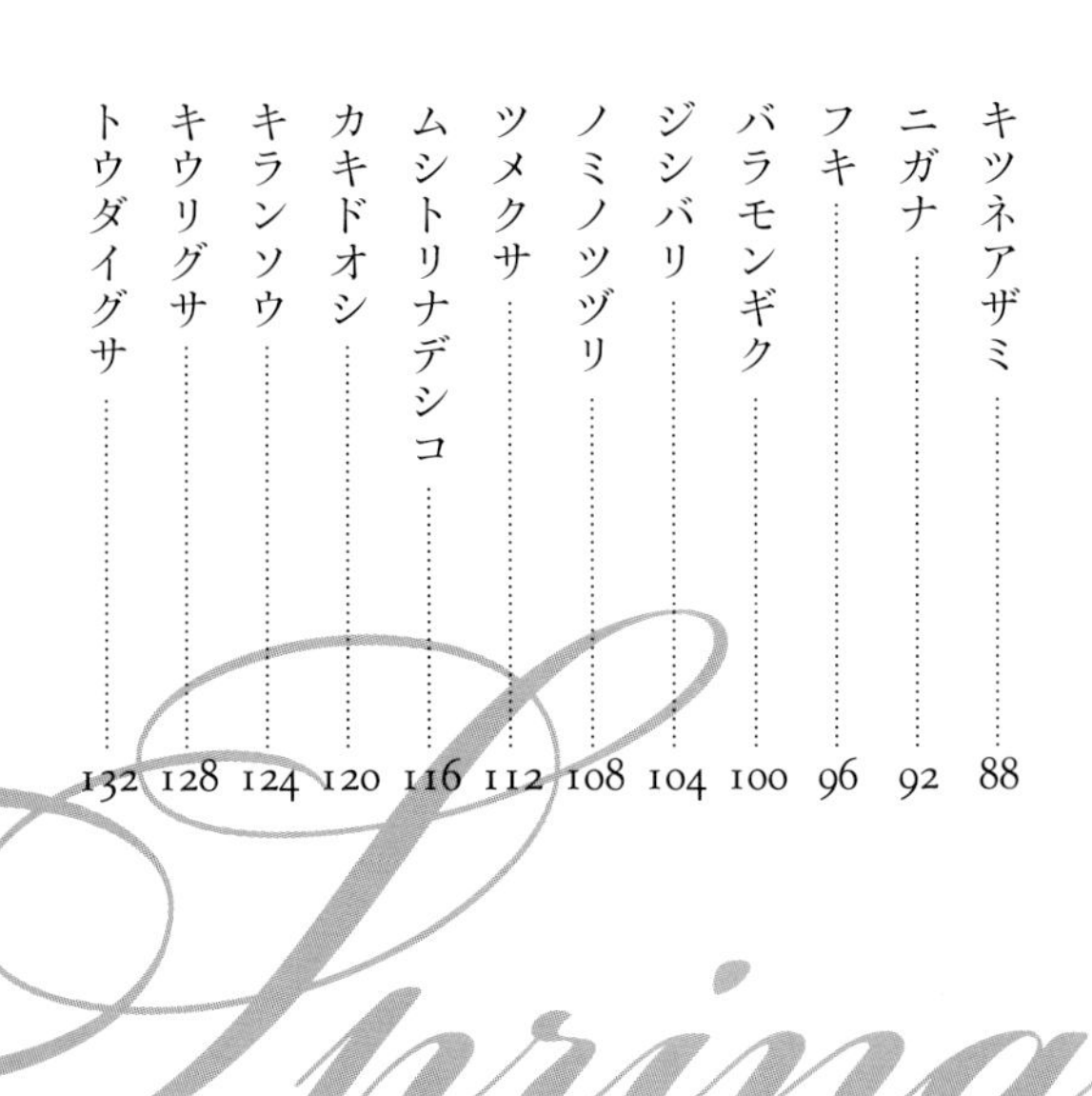
Spring

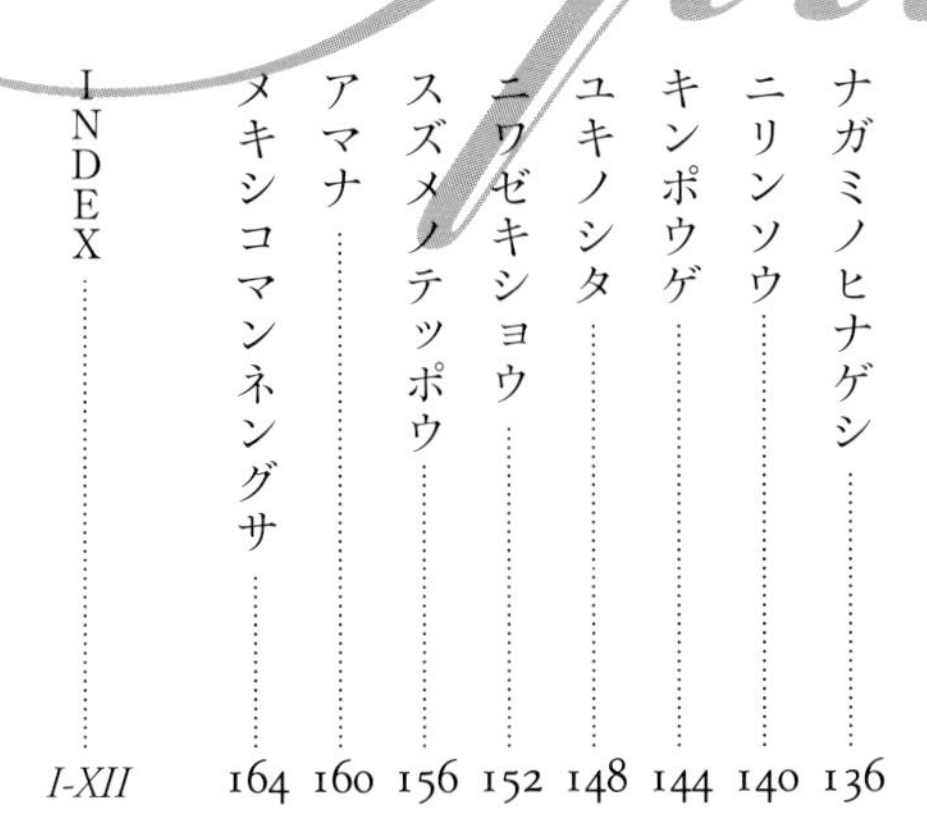

ナズナ

Capsella bursa-pastoris

せり　なずな　おぎょう　はこべら
ほとけのざ　すずな　すずしろ
これぞ七草

馴染み深い春の七草の歌である。この七種の草を刻んで粥（かゆ）に炊き込んだものを、正月の七日に食べる習慣があるが、これが七草粥だ。秋に芽生え、寒い冬にも緑の葉をつけて冬越しをするその強さに肖（あやか）って、今年一年、無病息災に過ごそうという願いが籠められているようだ。理屈は抜きにしても、正月三カ日、食べ過ぎ飲み過ぎた腹には、七日に腹に優しい粥を食べるということは考えてみればなかなか合理的でもある。

春の七草の前五種は、田畑、路傍、空地に生える、いわば雑草の類。あとの二種、すずな、すずしろは蕪（かぶ）と大根のことで、これは冬野菜の代表として選ばれたものだろう。

「七草なずな」と云われるように、この七草の右代表がナズナである。葉を摘んで匂いを嗅ぐと特有な香りがする。七草粥独特の香り、このナズナの香りと云ってもよい。大昔、今日のように多種の野菜がなかった時代、このナズナは、かっこうの葉菜として食べられていたらしい。青物

ナズナ
Capsella bursa-pastoris

和名：ナズナ
科名：アブラナ科
属名：ナズナ属
別名：ペンペングサ、ビンボウグサ
生態：越年性1年草
学名：*Capsella bursa-pastoris*

の少ない冬の間、深い切れ込みのある若緑の葉は、何か食欲をそそられる。私も、戦中から戦後へかけての食糧難時代に、ナズナを採ってきては、ひたし物として食べた想い出がある。特有な香りと歯触りは、栽培物の葉菜にはない、自然の恵みの味わいがする。

三寒四温となり、春霞が靄る頃になると、株元から薹(とう)立ちして、白いごく小さな花を、小帽子をかぶせたように密集して咲かせる。よく見れば、花びらは四枚、アブラナ科植物特有の十字形花だ。雑草の花として見過ごされやすいが、春の野辺に寝転んで、まわりに咲くナズナの花を見ていると、ああ、春がやってきたナ、との感が深い。

ナズナの語源には幾つかの説があるようだ。愛すべき菜、というところから、撫菜(なでな)から由来するとも、密生するところから、馴染む菜がナズナに転訛したとも云われる。実際に、その若緑の葉は撫でたくなるし、密集して生えている様は、お互いに馴染み合って生えているようにも見える。どちらの説にも軍配を挙げたくなる。正式な名はナズナだが、いろいろな別名というか俗名がある。もっとも一般的なのが、ペンペングサという名だ。ペンペンというと、三味線の音を連想する。私も子供の頃、その熟して乾いた実莢(みさや)を振るとペンペンと音がするものと思っていたが、ある時、振ってみたらちっともペンペンとは鳴らない。ガサガサというだけである。何か、騙されたような気持ちだったが、本当は、その果実の形が三味線を弾く時に使う撥(ばち)の形に似ているからだそうだ。ペンペンとは音はしないが、この名はどこか親しみがある。これに反してナズナにとって気の毒なのが、「貧乏草」という名だろう。ナズナの扁平な種子は飛び散りやすく、どこへでも飛び散って生えてくる。極めて繁殖力旺盛で、アスファルト道路の少しの割れ目にまで生える。昔は田舎へ行くと藁屋根の家が多かったが、古くなると藁屋根が腐ってくる。と、この古屋根にまで生えてくる。藁屋根は古くなって傷むと葺き替えをしなくてはならない。ところが、この葺き替えにはかなりの費用がかかる。貧乏人にはとても出来ない相談だ。そのうちに、腐り出した藁屋根にナズナの種子が落ちて生えてくる。貧乏草と云われる所以だ。もっとも近頃は、藁屋根の家がどんどん少なくなってしまったから、「貧乏草」という名も現実味がなくなりつつある。

最近、コンテナ・ガーデンの寄せ植えというのが流行っている。これによく用いられる草花にスイート・アリッサムという草花がある。白く小さな四弁花を、コンパクトに茂る草に、株を覆いつくすようにびっしりと咲かせて、昔から春花壇の縁どりなどに使われ、甘い香りを放つ。この花の日本名は、ニワナズナと呼ばれる。ナズナ同様アブラナ科の草花でナズナの名が付けられているが、ナズナとは別属の植物で、地中海地方の海岸地帯がその生れ故郷。時にニオイナズナとも呼ばれる。同じようにナズナの名が付けられているが、別属のものにイヌナズナというのがある。各地の畑などに生える畑地雑草の一つだが、花は菜の花を小さくしたような黄色い花。茎葉がナズナに似るが食用にもならず、役立たずというところからイヌナズナと名付けられたようだ。植物名には、よくイヌという名を冠したものがあるが、その多くは本物とは違う贋物、あるいは役立たずという意味がある。犬がこれを聞いたら呆れるに違いない。犬にとっては差別用語だから……。

正月七日の朝、ナズナの香り立つ熱い七草粥を啜ると身も心も温まる思いがする。この習慣も近頃だんだん廃れてきたようだが、健康食の一つとしても、今後、いつまでも続けられることを祈りたい。

ホウコグサ
Gnaphalium affine

一般には母子草と書きハハコグサと呼ばれるが、正式にはホウコグサというのが正しい。どんな花？　と聞かれると、黄色い麹玉(こうじだま)のような花だヨ、と云っても今の若い人達には、麹って何？　と云われて、まず、解ってもらえない。漢名は「鼠麹草(そきくそう)」。これも花容が麹に似ているからだろうか。頭に鼠(ねずみ)がつくのがちょっと気になるが……。長い篦(へら)状の葉を根生して、春の訪れと共に薹(とう)立ちして、その頂きに黄色い小さな頭状花を麹玉のように密集して咲かせる。茎葉共に白い産毛のような微毛が密生していて白っぽく見える。触るとその感触がフランネルのように柔らかい。

これも春の七草の一つ。「おぎょう」と云われているのが、このホウコグサのことだ。よく「ごぎょう」と云われるが、これは間違いで、「おぎょう」と発音するのが正しい。ナズナ同様、わが国各地の路傍、空地、田畑などにごく普通に見掛ける野草の一つだが、早春に咲く、黄色い麹玉のような花は、優しく愛らしい。いかにも春の訪れに相応しい花と云えよう。

地方によっては、「餅草」とも云う。モチグサの名は、一般には、草餅に用いるヨモギのことを指すが、ホウコグサをモチグサと呼ぶ地方では、草餅を作る時には、ヨモギでなく、このホウコグサの葉を用いるそうだ。一種の菜として七草粥(がゆ)に用いているのも肯ける。

ホウコグサ
Gnaphalium affine

和名：ホウコグサ
科名：キク科
属名：ホウコグサ属
別名：ハハコグサ、オギョウ、キバナグサ、モチグサ
生態：1年草
学名：*Gnaphalium affine*

今はやっていないが、以前、私の農園で、暮れになると、七草の寄せ植えを作って出荷していたことがあった。一番大変なのは、七種を集めることで、大根と蕪は、小型に仕立てないと寄せ植えには使えないのでタネ蒔きを遅くする。これは蒔き時の調節で何とかなるが、ほかの五種は野生のものを探して採ってくることになる。幸い、ナズナ、ホウコグサ、ハコベの三種は、わが農園にいくらでも生えているので集めるのは容易だった。始めのうちは気にしなかったが、何年か経つうちに残っていた寄せ植えに薹立ちしてきたら、ホウコグサの様子がどうもおかしい。茎頂に、黄色い小花をかためて咲くのがそうではない。うす汚れたように小さな淡褐色の花が穂状に咲き出した。茎葉はホウコグサそっくりだが、花が全く違う。それまではほとんど見掛けなかった草だ。ハテ、何者か、手持ちの植物図鑑にも出ていない。その後、この草を、わが家では「ニセホウコ」と呼ぶようになった。

その後、このニセホウコ、チチコグサモドキという、北アメリカからの帰化植物と解ったが、何とも紛らわしい。薹立ちしてこないと区別がつきにくく、ホウコグサを集める時によほど注意していないと間違える。申し訳ないことだが、わが農園作の寄せ植えには一時、この贋のホウコグサを植えてしまったものがあったに違いない。ホウコグサの仲間にチチコグサというのがある。母子草に対して父子草と名付けられたこの草は、茎葉はよく似ているが葉の表面は毛がなく、裏面に白色の綿毛が生えるので区別がつく。小型で花は淡褐色の小花を茎頂に纏めてつけるため、あまり目立たず存在感がうすい。何やら、近頃の父母のように、父の方は存在感がうすい、というところなのだろうか。チチコグサモドキは、ホウコグサよりこのチチコグサに似るところから名付けられたようだ。若苗のうちはホウコグサとよく似て間違えやすいが、薹立ってくると、葉腋からわき芽を出すし、葉色も緑っぽい。また、この仲間には、同じく帰化植物のウラジロチチコグサというのもある。名のように、葉裏が目立って白い。このほか、同属のものに、秋に咲くアキノホウコグサがある。ホウコグサによく似て、茎葉に白色綿毛が生えるし、花も黄色く、ホウコグサが慌てて秋に咲いたのか、とも思ってしまうが、草丈が高く五〇〜六〇センチメートルに伸び、ホウコグサとは別種のものだ。この一属、ホウコグサ属は学名をグナファリウム（*Gnaphalium*）と云い、柔らかい綿毛があるという意味で、これがこの一属の特徴でもある。

このグナファリウム属に大変近いグループにアナファリス属というのがある。ヤマホウコ、カワラホウコ、ヤバネホウコなど、ホウコグサの名を冠したものが多いが、アナファリス（*Anaphalis*）とはホウコグサのギリシャ名だそうで、これ、一体どうなっているの？　と少々頭が混乱してしまう。また、アルプスの名花と云われるエーデルワイスも、ホウコグサに近いグループに入る。

余談だが、草物類にはホウコグサのように白色綿毛を密生し、草全体が白く見えるものがよくある。ナデシコ科の草花のフランネルソウ（正式名スイセンノウ）、ハーブの一つとされるシソ科のラムズ・テールやキク科のシロタエギクなどはよく知られているが、このように白色綿毛の生える草を総称して、外国ではダスティ・ミラー（dusty miller）と称し、その銀白色にも見える葉を、観賞用として花壇や寄せ植えの彩りによく用いられる。ホウコグサもダスティ・ミラーだが、残念なことに野草扱いで観賞用には用いられていない。

ハコベ

Stellaria media

子供の頃、母が好きでカナリアを飼っていた。近頃は、カナリアを飼う人が少なくなってしまったようだが、その頃は小鳥の中では人気が高く、その美しい鳴き声を楽しむ人が多く、特に玉を転がすように鳴くローラー・カナリアの美声を、声楽家であった母はことさら好んでいたようだった。カナリアの餌は粒餌だが、それと共に必ず与えたのが青菜のような緑餌で、特に、ハコベを好んで食べる。庭にはハコベがいくらでも生えてくる。それを採ってくるのが私の役目。

ハコベと私の付き合いはこの時に始まったと云ってよい。

カナリアに限らず、小鳥の緑餌には、わが国ではどこにでも生えているハコベがよく用いられてきたが、ハコベを緑餌に用いるのはわが国だけではないようだ。

パリというとセーヌ河。その中にシテ島というのがある。ここには花市が立つので有名で、それを観に行った時のことだ。そこに花屋ではなく、小鳥を売る店の一角があった。いろいろな小鳥が売られているのが面白く、ちょっと寄ってみたところ、小鳥用の餌が、テーブルの上にいろいろと並べられていて、その中にハコベの束が山積みになっている。

「へえー、フランスでも小鳥にハコベをやるンだ！」

ハコベは世界各地に広く分布している植物で、ヨーロッパでもあちこちに野生を見掛けるから、

和名：ハコベ
科名：ナデシコ科
属名：ハコベ属
別名：ハコベラ、アサシラゲ、
ヒヨコグサ、トキシラズ
生態：越年性1年草
学名：*Stellaria media*

小鳥の緑餌に用いられていても別に不思議ではないのだが、その時にはちょっとした驚きであった想い出がある。

ハコベは古くハコベラと称し、これは万葉集に波久倍良（はくべら）の名で登場し、これが語源とされる。これも春の七草の一つ。わが国のどこにでも見られる越年草で、株元より何本もの茎を伸ばし、地を這うようにして茂る。先の尖った卵形の葉を茎に対生してつける。春の訪れと共に茎を伸ばして、その先に小さな白い六弁の花をつける。ごく小さな花だが、よく見ると大変可憐な花で愛らしい。この花、朝陽を受けて開くところから「朝開け」転じて「アサシラゲ」の別名がある。小さな花で目立たないが、よく観察したものと感心させられる。時に葉のごく小さなものがあるが、これはハコベの小型変種でコハコベという。またこれとは反対に大型で葉も大きく逞しく茂るハコベがあるが、これは別種で、大きいことからウシハコベという。普通のハコベの茎は緑色だが、ウシハコベの方は赤紫がかるので、茎の色を見れば容易に区別がつく。このウシハコベも、ハコベ同様、わが国どこにでも生える雑草の一つ。このグループは学名をステルラリア属と云い、ステルラリア（*Stellaria*）とは「星」のことで、小さな花が星形に開くことから名付けられたものだろう。このステルラリア属の中で、ハコベの名を冠したものがいろいろとある。中部以南の山地で見られるヤマハコベ、山の沢辺りなどで見掛けるサワハコベやミヤマハコベ、サワハコベを小型にしたようなツルハコベ。また北地の海岸で見掛ける海浜性植物らしく葉の厚ぼったいハマハコベは、ハコベの名がつけられているが、別属の植物である。

ナズナ同様、戦争中の食糧難時代には、よくハコベを摘んできて、ひたし物にして食べたものだ。シャキシャキした食感があって、けっこういける。大型のウシハコベは量的に多く採れ、これも食べられるが、ハコベよりも硬くあまり美味しいとは云えない。やはり食用には普通のハコべの方がよい。小鳥にやっても、ウシハコベよりハコベの方を好むようだ。

　昔、ハコベを食べると乳がよく出るとか、乳癌に効くとか云われたことがあったようだが、実際には効果はないようだ。それよりも面白いのは、昔、ハコベを黒焼きにしたものに塩を混ぜ、歯磨きに用いたと云い、これをはこべ塩と称したそうである。一度試してみようと思っているが、未だに果たしていない。もっとも、これで歯を磨いたらきれいになるどころか、口中真黒になってしまうのではないだろうか。

　この愛らしき春の七草の一つも、畑や花壇に生えると始末の悪い雑草となる。株元から何本もの茎を這うようにして茂るため、茎を摘んで引っ張ると、プツリと切れて株元が残る。残った株元から再び芽を出して茂る。取り除く時には、株元をさぐり当て、株元を摘んで根ごと引き抜くようにするのがコツだ。一株で、無数の花をつけるので、これまた無数のタネをならせる。これが飛び散るために、周辺には、それこそ苔が生えたように無数の芽が出る。取っても取っても、あとからあとへと生えてきて、繁殖力旺盛な雑草の本性を発揮する。種子がなり出してから取ると、下手をするとハコベという雑草のタネ蒔きをすることになり兼ねない。ハコベを除くには、花の咲く前に引き抜くことだ。もっとも、これはハコベに限らずすべての雑草に云えることだが……。

　雑草扱いにされる植物だが、万葉集に詠み込まれたことも、何か人の心を打つ、優しさと和やかさがあるからだろうか。

タビラコ

Lapsana apogonoides

早春、田起こしの始まる前の田圃に、うす黄色い小花が一面に咲くのを見掛けることがある。タビラコの花だ。タビラコとは田平子の意で、その葉が田面（たのも）に平たく張りつくように茂るところから付けられた名だろう。その花は、タンポポの花を一重咲きにして小さくしたような花で、春早く一〇センチメートルぐらいの茎を伸ばして、あらく枝分れしてその先に花をつける。コオニタビラコともいうが、これは近縁の丈高く育つオニタビラコに対して、小型であるところから付けられたものと思う。だが、オニタビラコとは別属であるから、こちらは、ただタビラコと呼んだ方がよいと思う。

このタビラコも春の七草の一つであるが、七草の歌では「ほとけのざ」と呼ばれている。ところが、植物学上でのホトケノザという植物は、タビラコとは無関係のシソ科の植物で、よく混同されて始末が悪い。以前、某社の大事典で、春の七草の項を引いてみたら、本文の解説は間違いなく、ホトケノザをタビラコとして解説してあったが、付随の写真を見たら、何とシソ科のホトケノザの写真が載っていたことがある。文句を云おうと思っているうちにそのままになってしまったが、その後修正したかどうか、どうなっているだろう。

ホトケノザとは、仏の座の意で、仏が坐す蓮台のことである。七草でのホトケノザは、田平子

和名：タビラコ　別名：コオニタビラコ、ホトケノザ
科名：キク科　生態：越年性1年草
属名：ヤブタビラコ属　学名：*Lapsana apogonoides*

の意のように、その葉が田面に座布団を載せたように茂るのを蓮台に模して付けられたようだし、本物のシソ科のホトケノザは頂葉が蓮台のような重なり具合で付くところから付けられた名のようだ。共通点と云えば、どちらも越年性の一年草で早春に花を咲かせることだが、花期が同じ頃なので、よけいに混同されてしまうのだろう。

七草の寄せ植えを作っていた時、ナズナ、ホウコグサ、ハコベの三種はどこにでも生えているので集めるのは簡単であったが、探すのに一番骨の折れたのがタビラコだった。畑地にはなく、田圃にしか生えない。と云って、どこの田圃にも生えるというわけではなく、まず湿田には見当らず、生えるのは冬場には水のない乾田だけである。土質にも関係があるようで、多くは粘土質の田圃に生え、黒土の田圃には少ない。生えやすい粘土質の乾田でも、どの田圃にでも生えているかというとそうでもない。こちらの田圃には一面に生えていても、隣の田圃にはほとんど生えていないことがよくある。生える田圃には毎年生え、生えない田圃にはいつ見ても生えていない。どうしてそうなるか、かなり微妙な環境の変化に極めて神経質な植物なのだろうか。お陰で、七草の寄せ植えを始めてから数年間、生える田圃を探すのに車をあちらに停め、こちらに停め、かなり骨を折った想い出がある。

葉はナズナによく似ていて、慣れないと、見間違えやすい。ナズナ同様に根生葉には深い切れ込みがあるが、裂片の先は、ナズナは針状に尖っていることが多いが、タビラコの方は丸味を帯びていてトゲトゲしさがない。葉色も、ナズナよりもやや濃く、寒中には下葉が赤味を帯びることが多い。昔は、ナズナ同様に、寒中の菜として食用とされていたようだ。ナズナのような独特の香気はないが、けっこう食べられる。

以前、仙台の山野草の植物園を訪れた時、入り口に七草の寄せ植えが飾られていた。よく見ると、タビラコがちょっと違う。葉は大振りで、紫褐色の微毛がある。どうやらオニタビラコのようだ。案内をして下さった園長に、そのことを問うと、「いや、実は東北にはタビラコがないので、オニタビラコで代用したんです」とのこと。このオニタビラコは各地の空地、路傍、庭などによく見掛ける雑草の一つだが、タビラコとは別属の植物で、タビラコより大型、花時には五〇センチメートル以上となる茎を伸ばし、茎頂がこまかく枝分れして小さな黄色頭状花を咲かせる。茎葉共に大柄だが、花だけはタビラコより小さく、径一センチメートルにも満たない。花だけ見ると鬼どころか姫である。七草の選にももれ、役立たずの雑草だが、この植物園では、立派にタビラコの代役を果たしていた。

　オニタビラコはタビラコの名がついていても別属の植物だが、タビラコと同属のものに、よく似たヤブタビラコというのがある。田圃にも生えるが、田圃近くの林側などにも生える。タビラコほどは知られていないし、よく似ていて時に区別しにくいが、タビラコより弱々しい感じで、花茎は二〇～三〇センチメートルとタビラコより伸びる。花が咲き終ると、花を受けるようにつく総苞（そうほう）は閉じて中に種子を蔵するが、タビラコでは閉じた形が長くヤブタビラコは丸い、という相違がある。

　最近は稲作制限で畑地に換えられたり、開発によって年々田圃が少なくなってきた。苦労して見つけたタビラコのある田もどんどんとなくなってしまった。寄せ植えをしなくなったので用がなくなったが、何か寂しい気がする。

ホトケノザ

Lamium amplexicaule

早春の一日、穏やかに晴れた郊外を散歩すると、小川の南向きの土手などに、早春の花々が咲き出す。その中で、一際目立つ赤紫の花が一面に咲いているのに出会うことがある。ホトケノザの花だ。浅い切れ込みのある丸形の葉を、立ち上がる茎に対生につけ、茎の頂きや葉腋(ようえき)に、赤紫色の、サルビアの花を小さくしたような花を輪状に咲かせる。春の訪れを喜んで、飛び跳ねているようで何とも微笑ましい。土手や田圃の畔などに群生することが多いが、路傍、空地でもよく見掛けるし、麦畑の中にもよく生える。麦畑などでは伸びる麦と背競べをするように、長く茎を伸ばす。

ホトケノザの名は、対生してつく丸形の葉や、その葉が頂葉では幾重にも重なって、これが恰(あたか)も仏の座、蓮台を連想させることから付けられたと云われる。ところが、厄介なことにもう一つ、この名で呼ぶ草がある。これは春の七草一つのホトケノザだ。これは正確にはキク科のタビラコのことで（タビラコの項を参照）、この二つ、全く別種だが、よく混同されてしまう。

ホトケノザには幾つかの別名がある。対生する葉が、立ち上がる茎に段状につくところからサンガイグサ（三階草）とも云うし、このほか、ホトケノツヅレ（仏の綴）は仏の座と同意であろう。また、カスミソウ（霞草）の別名もあるが、本当のカスミソウはナデシコ科の草花であるか

和名：ホトケノザ
科名：シソ科
属名：オドリコソウ属
別名：サンガイグサ、
　　　ホトケノツヅレ、
　　　カスミソウ、クルマソウ
生態：1年草
学名：*Lamium amplexicaule*

ら、これも少々紛らわしい名だ。

ホトケノザは、植物学的にはシソ科のオドリコソウ属（ラミウム属 *Lamium*）に属するが、この仲間にはいろいろな種類が世界各地に分布する。代表的なのがオドリコソウで、山野の半陰地に野生して、高さ四〇センチメートルぐらいの茎を直立させて、葉腋にピンクの唇形花を輪生して咲かせる。その花の様子が、笠をかぶった踊子の姿に似るところから付けられたようだ。植物名には時々不粋な名や、おかしな名を付けられたものがよくあるが、このオドリコソウなどは、中々しゃれた名前と云える。

このオドリコソウには白花のものもあり、ヨーロッパなどで見掛けるのはほとんどが白花で、しかも、白の斑(ふ)入り葉のものが多い。わが国でも、西日本にはピンクのものが、東日本には白花が多いという。世界各地に広域に分布するが、平野部からかなり高地まで垂直にも広く分布するなど、環境に対する適応性が広い植物のようだ。

オドリコソウは広域に分布するとはいうものの、ホトケノザのように身近にどこにでも群生するというわけではないし、昔に較べると見掛けることが少なくなったようである。ところが、これに対して同じ仲間で、ホトケノザ同様、土手、畔、畑地などに、ちょうど同じ頃、カーペットを敷きつめたように密生し、ピンクの可愛い花を咲かせる野の草がある。その名はヒメオドリコソウ。

過日、庄内地方へ出掛けたおり、かの羽黒山麓、維新後、旧庄内藩士の授産事業として開拓された松ヶ岡開墾場を訪れた。桜の名所として知られ、花時には、花見の客で賑わうし、本陣や、開墾当時に建てられ、未だに残る古めかしい蚕室を見学する人も多い。私が訪れた時は桜も花が終り、葉桜となっていたが、近くに多い桃畑には、桃の花が真盛り。この一帯、庄内柿の産地であるほか、桃の産地でもある。その桃畑の下一面に、ヒメオドリコソウが絨緞を敷きつめたように生え、ほのかにピンクがかる褐色の頂葉の色合いが、桃の花の色が映し出されたようで、実にのどかな春景色を演出している。葉腋には、ピンクの小さな花がちらちらと覗くのも微笑ましい。桃畑の雑草であろうが、雑草もこうなると悪玉とばかり云えない。オドリコソウの方は、元々わが国に野生していたものだが、このヒメオドリコソウの方は、ヨーロッパから古く渡来し、野生化した植物だ。最近は諸外国との交流が盛んになると共に、新渡来の帰化植物がやたらと多くなっていて異端者扱いにされる。けれども、中には帰化植物だヨ、と云われないと解らないほど、わが国原産の植物然としているものがよくある。ヒメオドリコソウなどもその一つだ。

この仲間で、忘れ難い印象を残したのが、トルコで見たオドリコソウの一種。有名なカッパドキアへの入り口の町となるアクサライの近く、小さな丘全体が赤紫色に染まっているではないか。車を留めて近寄ってみたら、何と丘全体、一種類のオドリコソウの大群落である。色合いはホトケノザと同じ鮮やかな赤紫色、花はホトケノザよりも大きく花付きも多い。即、花壇用草として使えそうだ。ところがそれから数年後、同じ時期に期待して訪れてみたら、咲くには咲いていたが、ちらほらとしか咲いていない。やはり植物界にも栄枯盛衰があるのだろうか。

早春の野辺に咲くホトケノザやその仲間、雑草扱いにするには惜しい愛すべき野の花である。

オオイヌノフグリ

Veronica persica

まだ冷たい風に思わず身震いする日のある春早く、南面の畔や土手などに、空色のカーペットを敷きつめたように咲くオオイヌノフグリの姿は、春の訪れを告げる早春の風物詩だ。近寄ってみると、小さな四弁の花が、陽を受けて瞳を開くように咲く姿が何とも可愛らしい。春空を映したような空色の花は、芯が白く抜け、これがよきアクセントとなって、より愛らしく眼に映る。

まことに愛らしき野の花だが、その名前はその愛らしさとは裏腹に、イヌノフグリ、犬の陰嚢（ふぐり）という口憚る名がつけられている。実際にその果実を見ると、まさに犬の陰嚢そっくりの形をしていて妙に感心させられてしまい、思わず笑ってしまう。何と単刀直入な名であろう。その名の謂われを聞かれると、大人ならばともかく、子供や特に若い女の子などには何と説明してよいやら困ってしまう。もっとも、近頃の子供や若い女の子は、ずばり説明しても、ハハハと笑うだけで別に恥ずかしがりはしないかもしれない。照れてしまうのはこちらの方だけだ。

この奇妙なイヌノフグリなる名をつけられた植物は数種あり、ただイヌノフグリという種類はわが国の在来種。最近はかなり野生が少なくなり、茎は地を這うようにして茂り、オオイヌノフグリに似たやや切れ込みのある小さい花をつける。花は淡いピンクに赤紫色のすじ入りの花だが、ごく小さく目立たないためとかく見逃しやすい。このイヌノフグリの実はもっとも「犬の陰嚢」

和名：オオイヌノフグリ
科名：ゴマノハグサ科
属名：クワガタソウ属
別名：ヒョウタングサ、テンニンカラクサ
生態：越年性1年草
学名：*Veronica persica*

によく似ており、学名をウェロニカ・カニノステイクラタ（*Veronica caninotesticulata*）と云う。この種名のカニノステイクラタは「犬の睾丸」という意味で、まさに、そのものずばりの学名である。

もっとも多いのがオオイヌノフグリで各地どこにでも見られて群生し、この仲間では花がもっとも美しい。在来植物然として野生しているが、元来はヨーロッパの原産の帰化植物で、繁殖力旺盛のため、あっという間に各地に広まったようだ。これと同じようにヨーロッパ原産で、明治時代初め頃渡来し、各地に広がって野生化したものにタチイヌノフグリというのもある。オオイヌノフグリが地を這って茂るのに対して、こちらは茎が直立して立ち上がるのでこの名がある。花はオオイヌノフグリに似た青い花だが、より小さく、葉腋にかくれたように咲くのであまり目立たない。花時はオオイヌノフグリよりやや遅く咲く。

オオイヌノフグリは普通には青い花を咲かせるが、稀にピンクの花を咲かせる株を見掛ける。若い頃、東京農大の遺伝育種学研究室で育種の勉強をしていた頃、研究所のあった馬事公苑近くは、まだ畑が多く、春になると至る所にオオイヌノフグリが咲いていた。よく見ると、株によって花のやや大きいもの小さいもの、花色にも、一寸見では同じようだが、多少の濃淡があり、時にピンクの花のものもある。見ているうちにすっかり興味を覚え、一つ、これを改良して園芸化したら面白いだろう、と思い始めた。それからというもの、暇をみては、花の大きいもの、花付きのよいもの、色変わりのものと探しては、採集を始めた。

ちょうどその頃、パンジーの品種改良に取り組んでいて、交配やタネ取りに忙しい季節、採集してきたオオイヌノフグリの株は鉢植えにして、種子が熟してきたら採るつもりでいたが、パンジーの採種に追われて、気がついた時には、種子はほとんど飛び落ちて採り損なう始末。すっかり気抜けしてしまい、オオイヌノフグリ改良の夢も、一年、否、数カ月で消えてしまった。次の年に再び採集し直そうとも考えていたが、意欲が薄れて遂にそのままになってしまった。今になって、オオイヌノフグリを見る度に、あの時、改良の手をつけておけば、新しい園芸種が出来たのではないかと悔まれる。

イヌノフグリの仲間はクワガタソウ属（ウェロニカ属）と云い多くの種類があって、中にはルリトラノオやヒメトラノオのように、長穂状に花を咲かせるものが、いずれも四弁の菱形の小花を開き、青紫色や白色に赤紫のすじ入りの花を咲かせるものが多い。

わが国にはないが、ヨーロッパで山歩きをすると、オオイヌノフグリの花を大きくし、色濃い青色花を咲かせる山草によくお目にかかる。学名をウェロニカ・カマエドリス（*Veronica chamaedrys*）と云い、この仲間では目立って美しく印象に残る種類だ。

クワガタソウ属の「クワガタ」とは、この一属の中のクワガタソウの萼片（がくへん）（四枚）が横から見ると、その二枚が左右に突き出ていて、兜の鍬形に似ているところから付けられたと云われる。

私のオオイヌノフグリの園芸化の夢は実現しなかったが、誰かやってみる人がいないだろうか。もっとも、野辺に群がり咲くその野生の姿を見ると、改良などせずに、そのままの姿でいる方がオオイヌノフグリにとっては幸せかもしれない。同じ頃に咲く赤紫のホトケノザと混生している光景などを見ると、両者共そのままの方がよいように思う。

ムラサキハナナ

Orychophragmus violaceus

小金井街道のバイパスとして造られた新小金井街道というのがある。現在、甲州街道から旧青梅街道まで通じているが、この街道沿い、区間によって植えられている街路樹の種類が違う。この中で、東八道路の交叉点から五日市街道に至る約二キロメートルは両側、ヤマザクラが植えられていて四月の花時には車で通ると、花のトンネルとなる。昔から、花小金井という地名があるように、「小金井という桜」というほどに、五日市街道沿いの、いわゆる小金井堤の山桜が有名である。たぶん、そのようなことから、新小金井街道にもヤマザクラを街路樹として植えたのだろう。ちょうど、ヤマザクラが咲く頃、途中の貫井(ぬくい)トンネル近くの栗林の下一面に、藤紫色の花が、それこそ花の絨毯(じゅうたん)を敷きつめたように咲き、街道の桜の花と共に、麗しい春景色を醸し出している。この藤紫色の花のカーペットの正体、それがこのムラサキハナナである。

この植物は、元々中国原産のアブラナ科の越年性一年草で、中国の諸葛菜をそのまま音読みをしてショカツサイと呼ばれるが、ハナダイコンともオオアラセイトウとも呼ばれ、園芸的にはムラサキハナナという名が付けられている。ショカツサイはちょっと堅苦しいし、ハナダイコンは大根の花と間違えられやすい。オオアラセイトウのアラセイトウとは切り花として広く用いられるストックの和名だが、ストックの仲間ではなく、馴染みやすい名前とは云えない。その点、園

ムラサキハナナ

Orychophragmus violaceus

和名：ムラサキハナナ

科名：アブラナ科

属名：オオアラセイトウ属

別名：オオアラセイトウ、ショカツサイ、ハナダイコン

生態：越年性1年草

学名：*Orychophragmus violaceus*

芸名のムラサキハナナ（紫花菜）は、この花の美しさを表現した実に相応しい名前だと思う。

　明治時代に既に渡来していたようだが、帰化植物として広く野生化し出したのは太平洋戦争後で、それまでに入っていたものが野生化したとも、戦争で中国へ行っていた人が、この種子を戦後持ち帰り、これが急速に野生化したという説もある。いずれにしても戦後急速に野生化したのは事実で、特に東京を中心として広がったようだ。都内でもあちこちに野生化し、春になるとその藤紫の花が、私達の眼を楽しませてくれる。中央線の東中野駅近くの沿線沿いの土手や、千鳥ヶ淵の土手などでは、野生化した菜の花と入り混じって咲いているのが見られる。黄色と藤紫色とが混ざって咲く光景は、その彩りが若々しく明るく、いかにも春の粧いという感じだ。

　以前、東京湾の埋立地に、何か花の咲くもので、丈夫でよく殖えるものはないか、と聞かれたことがある。とっさに思いついたのがこのムラサキハナナ。花が美しく切り花にもなるし、種苗会社でも種子を扱っているため奨めたことがある。その後、実行したかどうかは確かめていない。もし、埋立地に群生しているところがあれば、この時に種子を蒔いたものの子孫かもしれない。

　ムラサキハナナは驚くほどよく殖える。咲く花、咲く花、よく結実して一株でかなり大量の種子をまき散らし、しかもよく発芽する。一株あると数年後には雑草のように殖えて群生するようになる。花が美しくなければ雑草として抜き捨てられてしまうだろうが、花が美しいので抜きとられずに残る。殖えるわけである。やはり、美人は得をする、ということか……。

　花が美しいので、園芸植物としても扱われ、種苗会社から絵袋詰めでその種子が売られているが、近頃はどこにでも生えているためか、わざわざ種子を買って蒔く人は少ないようだ。群生地へ行ってよく見ていると、花の色にかなり濃淡があるし、赤花ではないが、赤っぽい色をしたもの、反対に、稀ではあるが、白花もみつかって、かなりの変異が見られる。園芸的に手を加えたら、幾つもの園芸品種が出来そうだが、まだ手をつけられていないようだ。

このムラサキハナナ、花が美しいので観賞用として用いられるが、一方、この若苗はひたし物などにすると、ちょっとホウレンソウに似た味がしてけっこういける。野菜化しても面白いだろう。人間も食用に出来るが、モンシロチョウに似て、白地に黒すじの入るスジグロシロチョウもこの葉を好んで食べる。モンシロチョウはキャベツが大好きだが、ムラサキハナナは好みでないらしい。反対にスジグロシロチョウの方は、キャベツよりもムラサキハナナの方が好きなようだ。ごく近縁の蝶だが、好みが違うというのが面白い。

新小金井街道沿いのムラサキハナナの大群落は、ちょうどヤマザクラの花時と相俟って、そのソフトな藤紫の花がヤマザクラの深い桜色とよく調和して、心温まる光景を演出してくれた。残念なことに、このムラサキハナナのあった栗林、時代の趨勢か、売られてしまったようで、栗林が伐られ、建物が建ちつつある。毎春、通る度に眼を楽しませてくれたこのムラサキハナナの群落も、これからは見られない。何とも惜しいことだ。

帰化植物というととかく悪玉扱いにされるが、このムラサキハナナが悪玉扱いにされたという話は聞いたことがない。やはり美しい花なるがためか。

タネツケバナ

Cardamine flexuosa

春の野辺は実に楽しい。スミレの花が咲き、土手にはツクシが頭を擡げ、赤紫のホトケノザ、空色のオオイヌノフグリと、いろいろな野の花が春を飾る。田起こし前の田圃にも、いろいろな花が咲く。田面をうす黄色く染めるタビラコと共に、こまかい白い小花を咲かせ、遠目にはうっすらと田面を白く染めるように咲くのがこのタネツケバナだ。

タビラコの方は、どの田圃にもあるとは限らない。むしろ、生えない田圃の方が多い。これに対して、タネツケバナはたいての田圃でお目にかかるほど、わが国全土に分布している。いわば、田圃の雑草の一つだが、この花、何か人の心を惹きつけるところがある。小型の葉をあらくつけ、株元より何本も出る茎は一五~二〇センチメートルほどに立ち上がって、その頂きに、小さな白い十字形花を咲かせる。花はごく小さいが、大株では群がって咲くため、群生すると、田面が淡雪をかぶったように白くなる。田圃に多いが、時に畑地にまで侵入していることもある。

タネツケバナの名は、種漬花の意で、と云っても何のことか解らないかもしれない。ちょうどこの花時が、発芽をよくするために、稲の種籾を水に漬ける時期に合致するからだという。いかにも、稲作国のわが国らしい名の付けようだ。タビラコも同様だが、田起しが始まり、水田に水が張られる頃には全く姿を消してしまう。こぼれた種子は、秋まで、田土と共に水漬けにされて

和名：タネツケバナ
科名：アブラナ科
属名：タネツケバナ属
別名：タガラシ
生態：越年性1年草
学名：*Cardamine flexuosa*

いる筈だが、この間、芽も出ず腐りもせずに生き続けるのだろう。稲刈りが終り秋が訪れると、それまで水漬けで眠っていた種子が芽を出して育ち始め、寒さにも負けずに冬越しをして、春の訪れと共に再び花が咲き出す。これが水田に生える越年性一年草の生活パターンである。

タネツケバナはアブラナ科のタネツケバナ属（カルダミネ属 *Cardamine*）の代表種だが、この一属には世界中に多くの種類がある。

別名をタガラシとも云うが、タネツケバナを大柄にしたようなミズタガラシは水辺などの水湿地に生え、夏に咲くオオバタネツケバナは名のように葉が大柄で、辛味があって、地方によっては食用にもされると云われる。これも水辺の植物の一つ。いずれも水湿地の植物かというと、ジャニンジンやマルバコンロンソウのように山地に生えるものもあるし、中にはミネガラシのように、山登りをして高山の頂きを居とするものもある。これらはいずれもわが国の野生種。

北欧から中欧にかけて、初夏の頃に山歩きをすると、日当りのよい湿原や小川の辺りなどに、優しいピンクの花を、三〇センチメートルほどに立ち上がる茎頂に咲かせているのを見掛けることがある。時に群生して、遠目で見るとピンクのカーペットを敷きつめたようなところもある。カルダミネ・プラテンシス（*Cardamine pratensis*）の花だ。これはヨーロッパだけでなく、アジアから北アメリカに至るまでの広域に分布する植物の一つである。咲き終りの頃にはピンクの花が白っぽくなるが、中々美しい花で、印象に残るワイルド・フラワーだ。

わが国に自生するタネツケバナ属のものはいずれも白花だが、ヨーロッパなどにはプラテンシス種のようにピンクの花を咲かせるものがよくある。山の林側のような半日陰のところでよく見掛けるペンタフィルロス（*pentaphyllos*）という種類は大型で、草丈五〇センチメートル以上に伸び、五枚の葉という意味のペンタフィルロスの名のように、五小葉を掌状につける特徴のある葉を茂らせる。花もこの仲間では大きく、僅かに紫味を帯びたピンクの四弁化を茎頂に、やや傘形をなして咲かせる。プラテンシス種の方は、何となくナヨナヨとして女性的だが、こちらの方はどちらかというと逞しい感じがある。

タネツケバナ属ではないが、これに近いグループにオランダガラシ、一名ミズガラシ、と云っても解らなければ、クレソンと云えば誰もが肯く。ピリッとした辛味がサラダや肉料理の付け合せにすると、特有の味わいがあって好む人が多い。元々ヨーロッパ原産の常緑多年草で清流の辺りに群生する性質がある。明治の初め頃に渡来し、栽培もされるが、今や各地の渓流や清流に野生化して帰化植物とは思えないほどだ。葉はタネツケバナの葉を大柄にして丸っこくした感じで、横臥する中空の茎に互生してつける。春から初夏へかけて白い十字形小花を茎頂に、タネツケバナより、より密につけ花時にはけっこう美しい。学名のナストゥルティウムとは鼻の捩れるという意味で、その辛味によるからだろうが、鼻が捩れるほどの辛さではない。またこれを英語読みにするとナスターチウムとなるが、園芸的にナスターチウムと称するのは全く別種のノウゼンハレン科のキンレンカのことで、どうしてオランダガラシの属名と同じ名で呼ばれるかというと、どちらも葉に辛味があって両方共にサラダに用いるからだろう。

ヘビイチゴ

Duchesnea chrysantha

　植物の名前には、よくイヌとかキツネとか動物の名前を頭に付したものがあるが、これはいずれも贋（にせ）とか、くだらないものという意味に使われていることが多い。その中の一つにヘビという名を頭に付けられたものに、ヘビイチゴというのがある。イチゴに似てイチゴに非ずというわけだ。少々差別用語的な名を付けられたこのヘビイチゴ、わが国全土に分布していて、田の畔や野原、畑、道端でもよく見掛ける馴染み深い野草の一つである。

　四〜五月、春爛漫の頃、浅い切れ込みのある鋸歯（きょし）小葉を三枚、イチゴの葉を小振りにしたような葉をつけ、地を這うように茎を伸ばす。春の陽を受けて咲くその花は、形は似るが、白いイチゴの花とは違って黄色く可愛い花を咲かせて意外に目立つ。花後実る果実は小さな球状で、真赤に色付き、これまた、よく目立つ。イチゴの実を小さくしたようで眼につくが、イチゴのような艶はなく、表面に小さな瘦果（そうか）を粒状に散りばめたように付ける。普通の果実の場合、種子は果実内部にあって果実自体は子房が発達したものだが、このヘビイチゴや普通のイチゴの果実の肉質部は、花びら、雄蕊（しべ）、雌蕊がつく花の付け根の花托（かたく）部が発達して果実状になったものである。従って、種子に見えるのが瘦果と呼ばれる果実で、これが授精した子房ということになろう。そして、ヘビイチゴのこの瘦果には、よく見ると皺があり、真赤に色付く。花托が発達した果実状

和名：ヘビイチゴ
科目：バラ科
属名：ヘビイチゴ属
別名：クチナワイチゴ
生態：多年草
学名：*Duchesnea chrysantha*

部は淡紅色で内部は白く、海綿状にフカフカしている。真赤に見えるのは、この痩果の色付きによるものだ。

このヘビイチゴの実に毒があると云われることがあるが、実際には全くの無毒で、食べても中毒することはない。ただし、外見はいかにも美味しそうに見えるが、味も素っ気もない代物だ。「人は食べないが、蛇が食べる苺」という語源説もあるが、蛇が食べる筈がない。やはり贋の苺と考えるのが正しいだろう。

この仲間はヘビイチゴ属と云い、ヘビイチゴのほかヤブヘビイチゴというのがある。ヘビイチゴに似ているがより大柄で、住処が異なり、林縁藪などの半陰地に好んで生える。ヤブと名付けられる所以である。葉色が濃く、果実はヘビイチゴより光沢がある。ヘビイチゴは痩果に皺があるが、こちらにはない。

同じヘビイチゴの名が付いているものに、シロバナノヘビイチゴがあるが、これはヘビイチゴの仲間ではなく、食用とするイチゴと同属のオランダイチゴ属（フラガリア属 *Fragaria*）のもので、わが国の山地に広く野生する。花はイチゴ同様に白花で、イチゴの果実を小さくした楕円形の液果をならせ、よい香りがして、食べられる。

若い頃、上州赤城山の植物を調べようと、毎年のように出掛けた。常宿としていたコテージ式の山小屋へ、食糧がなくなるまで泊まり込んで、山々を歩き廻って植物を調べていたが、その時の楽しみの一つが、このシロバナノヘビイチゴの実を摘んで食べることだった。野生しているところでは小群落を作っていることが多く、小さな実だが、群生地ではけっこうな収穫となる。果実が小さいので、普通のイチゴを食べるように食べ出はないが、その香りがすばらしい。始めのうちはそのまま食べていたが、ある年、思いついて寒天を持って行き、ゼリーを作り、これに果実を封じ込めてみた。半透明のゼリーに赤い実の映りがよく、いかにもうまそうだ。山歩きをして乾いた喉に、渓流の水で冷しておいたこのゼリーの味わいは今でも想い出す。このシロバナノヘビイチゴによく似た同属種に高山帯に野生するノウゴウイチゴというのがあり、この果実はシロバナノヘビイチゴより美味しいというが、残念なことに未だに食べたことがない。野生地が異なることと、シロバナノヘビイチゴは花弁が五枚だが、ノウゴウイチゴの方は花弁数が多く七〜八枚あることが相違点だ。

ヘビイチゴの名の付くのはこのほか、キジムシロ属（ポテンティルラ *Potentilla*）のものに幾つかある。この仲間は大変多くの種類があり、ヘビイチゴによく似た黄色花のものが多く、時に間違えることがあるが、果実は赤くならない。山地原野の湿地などに茎がつる状に這い廻って茂るヒメヘビイチゴ、田の畔などに同じように茎が這って茂るオヘビイチゴはヘビイチゴより大柄で、花時は五月頃とヘビイチゴより遅い。これなどは、同じような環境のところに生えるので、花だけ見るとヘビイチゴに間違えやすい。

都市部では田畑が少なくなってしまったために、昔ほど見掛けることがないが、ちょっと郊外へ出れば必ずお目にかかれよう。名前の先入観がよくないので、とかく好まれないようだが、早春に咲くその花は中々可憐であるし、花後の真赤で丸い実もよく見れば、野の草々の彩りとして大いに役立っているようにも思う。

レンゲソウ

Astragalus sinicus

春の田面を彩る花と云えばレンゲソウの右に出ずるものはない。春の陽を受けて、一面に咲く紫紅色の花のカーペットは、まさに春の風物詩と云えよう。思わずその中へ寝転びたくなるほどだ。その花の咲いた形が蓮を思わせるところから「蓮華草」の名を得た。書物によっては、ゲンゲが正式和名とされていることもあるが、レンゲソウの名の方が馴染み深い。元来は中国原産の植物で、わが国へは室町時代にもたらされたと云われる。

マメ科植物であるため、根に寄生する根粒菌が、植物にとって大切な栄養素の一つであるチッソを固定し、土地が肥えると共に、茎葉は緑肥にもなる。昔は湿田以外では稲刈り後、水田にこのタネを蒔いて茂らせたものである。そして、春の訪れと共に、美しい花を一面に咲かせたものだが、最近は田圃へ行っても、あまりこの光景にお目にかかれなくなってしまった。そのようなことからか、稲作のためというよりも観光用に休耕田にレンゲを蒔いて観せているところがあるとか。良いこととは思うが、何か、レンゲが客寄せパンダになり下がったようで、ちょっと寂しいような気もする。

漢名は翹揺と云い別名のゲンゲはこの字音によるとも云われるが、わが国では紫雲英の漢名が一般化している。学名はアストラガルス・シニクス（*Astragalus sinicus*）というが、種名のシニク

41

和名：レンゲソウ
科名：マメ科
属名：ゲンゲ属
別名：レンゲ、ゲンゲ
生態：多年草
学名：*Astragalus sinicus*

スは「支那の」という意味で、中国原産であることを示す。

レンゲソウは、紫赤色花を繖形状に咲かせ、稀に白花のものもあるが、これは珍しい。この仲間、ゲンゲ属（アストラガルス属）には山地原野で見られる、うすい黄緑色花を咲かせるモメンヅルのほか、富士山で見られるムラサキモメンヅル、中部以北の高山に分布するリシリオウギなど、わが国にも数種があるが、ユーラシア大陸から北アメリカへかけていろいろな種類が分布する。レンゲソウは繖形状に花をつけるが、穂状に花をつけるものが多い。

アラスカの夏は一気に訪れ、六月下旬から七月中旬の間にいろいろな花が一斉に咲き、フラワー・ウオッチングには最適の季節だ。この季節、ロードサイドに咲く花の中で、あまり目立つことなく、ひそやかに咲く花に、アルパイン・ミルク・ヴェッチ（Alpine milk vetch／学名アストラガルス・アルピナ *Astragalus alpina*）というのがある。丈低く茂り、うす紫の花を咲かせる。これもゲンゲ属の一種で北欧からアルプスへかけても分布する。アルプスでよく見掛ける同属のパープル・ヴェッチ（Purple vetch／学名アストラガルス・プルプレウス *Astragalus purpureus*）は紫赤色花を咲かせ、花容もレンゲソウに似ている。アルプス一帯でレンゲソウそっくりの花をよく見るが、これはゲンゲ属ではなく、クローバーの仲間、シャジクソウ属（トリフォリウム *Trifolium*）の植物でアルパイン・クローバー（Alpine clover）と云う。葉がゲンゲ属では奇数の羽状複葉であるが、こちらは小葉が三枚（属名のトリフォリウムは三つ葉の意）なので区別がつく。北海道にチシマゲンゲというのがあり、鮮やかな桃紅色花を咲かせるが、これはゲンゲ属ではなく、別属のヘディサルム属（*Hedysarum*）の一種で、北アメリカからヨーロッパの山岳地へかけて広域に分布する植物の一つだ。

レンゲソウは、稲作用として田を肥やし、肥料として大きい役割を果たしてきたし、春の風物詩として私達の眼を楽しませてくれたが、その蜜は極めて良質で、養蜂家にとっては蜜源植物として欠かせない存在となってきた。レンゲの花時を追って、南から北へと旅をする。レンゲの咲く田が少なくなってきた昨今、その採蜜量も著しく減ってしまったのではなかろうか。

レンゲソウは本来は多年草であるが、その株は田起しと共に田の中へうない込まれてしまう。そのため、農家では秋にタネを蒔くことが多いが、生き残った株が次の年、再び花を咲かせることもある。一面に咲くというよりも、点々と咲いている田があれば前年の残り株が咲いていると思ってよい。

花がきれいなので、草花として鉢植えなどにして楽しむことも出来るし、これの吊り鉢仕立てにしたものなどは中々しゃれている。

昔、私の子供の頃は、ちょっと郊外へ出ると、春と共にレンゲの花咲く光景を見ることはごく普通のことであった。この頃になると、休みの日などには、一家揃ってレンゲ摘みへ出掛ける家族も多かった。今のように、レジャーランドなどが少なかったその頃の春は、田園地帯はかっこうのピクニック・ランドである。弁当持ちで出掛け、うららかな春の陽を浴び、男の子は小川で目高(めだか)や泥鰌掬い(どじょうすくい)に喚声を上げ、女の子はレンゲの花摘みに余念がない。摘んだ花を輪に編んで花冠を作る。何とのどかな幸せな光景であろうか。このような光景がごく普通に見られたことなど、今になっては夢のようである。

帰化植物の一つに数えられるが、このように役立つ帰化植物は少ないだろう。

カントウタンポポ

Taraxacum platycarpum

春の野に、もしタンポポがなかったらどうだろう。元々なければどうということはないかもしれないが、子供の時から眼に親しんだ花として寂しい限りだ。

道端に、空地に、あの黄金色の花が咲き出すと、いよいよ春である。特徴のある切れ込み深い根生葉を広げ、株元から直接、花茎を伸ばして、八重咲きの小菊状の花を咲かせる。

花が終ると、総苞片（そうほうへん）に包まれたその果は下を向き、やがて種子が成熟すると、花茎は再び上向きになって、一つ一つの種子の先に付く毛が開いて丸い毛玉状となる。風に当ると、その毛玉はほぐされて、種子は春風に乗って飛ばされ、分布を広めるための旅路につく。それはシャボン玉が風に乗って飛び去ってゆく趣きとよく似ている。シャボン玉の方は、やがて、はじけて消えてしまうが、タンポポの種子はどこかへ着地して芽を出し、己が種族を次世代につなげる。

現在、わが国に野生するタンポポは、二つのグループに大別できる。一つは、わが国の固有種でニホンタンポポと総称される。野生地域によって微妙に異なるため、細かく分けると、この中にもいろいろな種類があるが、もっともよく見られるのが、関東を中心とした地域に多いカントウタンポポで、ニホンタンポポ一属の代表格というところ。中部以西には、タンポポ類には珍しいシロバナタンポポという、白い花を咲かせる種類が多い。

カントウタンポポ
Taraxacum platycarpum

和名：カントウタンポポ	生態：多年草
科名：キク科	別名：アズマタンポポ
属名：タンポポ属	学名：*Taraxacum platycarpum*

戦中、戦後へかけて、栃木県の農事試験場に勤めていたおり、県南の足利市南にある山辺町一帯に、このシロバナタンポポが多くあることを聞き及び、見に行ったことがある。元来、シロバナタンポポは関東にはない筈の植物だ。何故、山辺だけに多くあるのか、不思議なことだ。何故だろうと考えるうちに、一つのことが思い浮んだ。山辺の北隣は足利である。この足利というところ、足利学校があるなど、古い歴史を持つ町で、京との行き交いがあったところだ。その頃に、何らかの形でこのシロバナタンポポの種子が入ってきたのが、山辺一帯に野生化したものではないか。これは私の勝手な想像だが、その可能性はあるものと思う。ところが近年、シロバナタンポポを関東のあちこちで見掛けるようになった。これは多分に、道路網と輸送の発達によるようで、トラックなど車についた種子が運ばれてきたと考えられる。幹線道路周辺でよく見掛けると云われるが、これなどその証拠の一つと云えよう。

この春、わが家の畑の片隅で、シロバナタンポポが咲いているのを見つけた。何故、わが家へ入り込んだのか、これはどうもよく解らない。

もう一つのグループは、ヨーロッパ原産で、明治時代に渡来し、猛烈な勢いで野生化したセイヨウタンポポだ。花はニホンタンポポより舌状花の重ねの多い八重咲きで、春の花後もボツボツと長期間花を咲かせ、受粉しなくとも種子をつけるなど、その繁殖力はすさまじく、お陰で、在来のニホンタンポポが駆逐されて激減してしまったと云う。そのために、セイヨウタンポポはすっかり悪玉扱いにされてしまっている。

六月に入ると、スイス・アルプスの山麓一帯は黄金の絨緞が敷きつめられる。セイヨウタンポポの大群落だ。その美しさは筆舌につくし難い。生れ故郷で見るその光景は、わが国で悪玉扱いにされるのが申し訳ないほどだ。

カントウタンポポ
Taraxacum platycarpum

わが国のタンポポは、このセイヨウタンポポに置き換わってしまったが、近頃は、本来のセイヨウタンポポよりも、その後入ってきた種子が赤味の強いアカミタンポポの方が勢力を強めている。これは花がやや小振りで、重ねもややうすい。いずれにしても、このグループのものは、ニホンタンポポでは総苞片は立って真直ぐに伸びるが、セイヨウタンポポの方は外側に反り返るので、この部分を見れば簡単に区別がつく。ただし、シロバナタンポポはセイヨウタンポポほどではないが、やや外側へ反り返る。国産のものには、このほか、東北や北海道に多いエゾタンポポというのがあるし、北海道には、タカネタンポポやクモマタンポポなどの高山性の別種もある。

タンポポとは、種子につく冠毛が球状になる様子が、拓本に使うタンポに似るところからつけられたという説が一般的。英語ではダンデライオン（Dandelion）と云うが、葉に鋸歯（きょし）状の深い切れ込みのあるのをライオンの歯に見立てたものだろう。ヨーロッパでは、この葉をサラダとして利用し、フランスにはサラダ用葉菜として改良品種まである。わが国に入ってきたのも、食用としてもたらされたのが始まりらしい。葉を食用とするほか、その根を煎って代用コーヒーとされたこともある。

最近、すっかり減ってしまったニホンタンポポを再び見掛けることが多くなったということを聞く。ニホンタンポポ復活の兆しか。

いずれにしても、タンポポは春には欠かせない花であるには違いない。

ムラサキサギゴケ

Mazus miquelii

春の田圃の畔には、いろいろな野の花が咲いていて、それらを訪ねてみると面白い。その中に、べたっと、苔のように張りついて茂り、ピンクがかったうす紫の、扁平な唇形の小花を咲かせる花がある。上から見ると、その花は、鳥が翼を広げている形にちょっと似ている。ムラサキサギゴケだ。コケの名はつくが苔ではなく、ゴマノハグサ科の多年草である。地面に張りつくように茂る姿が苔を思わせるので、この名がつけられたのだろう。

サギゴケのサギは、もちろん鳥の鷺のことで、上から見た花容を鷺の飛ぶ姿に模したものだろうが、鷺というよりも、その姿は小鳥が飛ぶ姿に近い。その点では、わが国の湿地帯に野生する、ランの一種のサギソウの方が、白鷺の飛ぶ姿にそっくりで、サギゴケの方はちょっと首をかしげる名の付け方だ。

略して、単にサギゴケと呼ぶこともあるが、これは、この白花種に付けられたもので、紫色花種は正しくムラサキサギゴケと呼びたい。考えてみれば、白花種に付けられたのがサギゴケという名であるから、白鷺の飛ぶ姿になぞらえた命名も肯けないことはない。

このムラサキサギゴケ、株元より多数の匐枝（ふくし）（ランナー）を出して地を這うようにして茂り、その先々へ根を下ろすため、地に張りついたようになる。そして、この匐枝の先々に子苗を作る。

ムラサキサギゴケ
Mazus miquelii

和名：ムラサキサギゴケ
科名：ゴマノハグサ科
属名：サギゴケ属
生態：多年草
学名：*Mazus miquelii*

ちょうどイチゴと同じような殖え方をする。そのため、大株に広がると、どこが本来の株元だか解らなくなるほどだ。種子もなるが、あまり発芽しないそうで、その繁殖は専ら匐枝に出来る子苗によるようだ。もし、種子がよく芽を出すとしたら、たちまち大群落を作ってしまうだろう。実際に田の畔一面に群落を作るというよりも、点々と小集落状に生えていることが多い。

この仲間、サギゴケ属にはよく似たものにトキワハゼというのがある。ムラサキサギゴケは春しか花を咲かせないが、こちらの方は常緑性で、早春から晩秋まで咲き続ける四季咲き性をもつ。長期間咲き続けるため、ムラサキサギゴケのように一度に沢山の花をつけないことと、花は上弁外側は赤紫色味を帯びるが、翼状に開く唇弁は白っぽく、花も小振りでムラサキサギゴケほど目立たない。田の畔だけではなく、空地や畑、道端など、どこにでも生えてくる。また、株元から何本もの茎を出すが、ムラサキサギゴケのように匐枝とはならない。従って、繁殖は専ら種子が飛び散って殖える。ムラサキサギゴケの種子が発芽しにくいのに対し、こちらの方はよく発芽するのだろう。トキワハゼのトキワは常盤の意、常緑で、しかも四季咲き性があるためで、ハゼは、爆ぜるの意で、その果実が熟すると、爆ぜて種子をまき散らすからと云われている。ウルシの仲間にハゼノキというのがあるが、このハゼとは全く関係がないし、ハゼの語源も、ハゼノキのハゼは、古名ハジが転訛したものと云われ、この点も、トキワハゼのハゼの語源と異なる。

ムラサキサギゴケ、トキワハゼ共、ほぼ日本全土に分布している、ごく普通に、どこにでも見られる野草だ。ムラサキサギゴケの方は、春しか咲かない一季咲きだが、花付きがよく、花時にはけっこう美しく、野の花の中では観賞価値が高いものの一つだ。そのためか、最近、これを小鉢植えにしたものが、園芸店で売られていることがある。紫や白花のほか、時にピンクのものもある。園芸植物というよりも山野草であるために、山野草愛好家の間ではしばしば育てられていて、春の山野草展などでも時々出品されている。中でも白花のサギゴケは純白でやや大降りの花が美しく、これにはサギシバの別名がある。野生のものは多くが田圃の畔だが、栽培してみると、意外に作りやすく、日向はもちろん、半日陰や日陰地でも育つなど、光線に対して適応性が案外広い。

サギゴケ属ではないが、ヨーロッパを旅すると、石垣などに、長くつる状に伸びる匐枝を張りつけるようにしてへばりついて茂り、ムラサキサギゴケをやや小さくしたような、可憐な花を咲かせる野草をよく見掛ける。花容はサギソウというよりもキンギョソウの花をごく小さくしたような花で、花は桃紫色で、中心に黄目があり、上弁は、兎の耳のように立ち、何とも愛くるしい。学名をキンバラリア・ムラリス（*Cymbalaria muralis*）と云い、四季咲き性で園芸的にもロック・ガーデンや吊り鉢用としても使われている。最近、これより大輪で、淡紫色花の改良種も市販されている。

春の野に咲く野草の中で、花の美しいものというと、ホトケノザ、オオイヌノフグリ、レンゲソウ、タンポポ、スミレ、そしてこのムラサキサギゴケなど個性豊かな花々が多いが、いずれも、春の柔らかい陽射しと、春霞によく似合う。もし、これらが夏や秋に咲いたらどうだろう。たぶん、季節感にそぐわないと思う。春には春に似合う花が咲く。それが自然というものだろう。

スミレ

Viola mandshurica

春に欠かせない野の花は数多いが、その中で、これこそ春の花、と云えるのがスミレだろう。万葉の歌人、山部赤人の歌に、

春の野に　すみれ摘みにと　来し我ぞ　野を懐かしみ　一夜寝にける

というのがあるが、この古き時代の人にも、スミレの花はこよなく愛されていたようだ。スミレの仲間は、世界のあちこちに多くの種類が野生するが、わが国には大変野生種が多く、スミレ王国と云ってもよい。いずれも愛らしき花を春の訪れと共に咲かせ、私達の心を惹きつける。

数多いわが国の自生種の代表種が、スミレと名付けられた種類。日当りのよい野道や人里の石垣の裾などに、濃い紫色、いわゆるすみれ色の花を一株で何輪も咲かせ、よく眼につく。スミレという名は、スミレ類の総称として使われることが多く、このスミレという種類のことを指すのか、スミレ類の総称として云われているのかよく解らないことがある。サクラソウの名は、固有名であるが、サクラソウ類の総称として使われることが多く、そのために本物のサクラソウをニホンサクラソウと呼ぶことが多い。これと同じようにスミレの場合にも、学名であるウィオラ・

和名：スミレ　　和生態：多年草
科名：スミレ科　　学名：*Viola mandshurica*
属名：スミレ属

マンジュリカ（*Viola mandshurica*）のマンジュリカという種名で呼ぶ人もいる。

スミレによく似たものにノジスミレがあり、これは葉に白い微毛があるので区別がつく。また、葉や花容はスミレに似るが、白花で赤紫色のすじ模様が入るしゃれた彩りのアリアケスミレなどは、いずれも細長い葉を茂らせるが、マルバスミレのように名の如く丸形の葉をもつものも多い。葉型で変っているのはエイザンスミレやヒゴスミレで、深い切れ込みのある葉をつける。スミレ類には花時の葉は小振りだが、夏になると、嘘みたいに大きな葉を出す種類が時々ある。エイザンスミレの夏葉などは、別種のスミレ？　と思うほどに変身する。

スミレ類には、茎を出さず、根生葉を茂らせ、株元より直接花茎を出して花を咲かせる無茎種と、茎を出してその先に花をつける有茎種とに分けられる。スミレやエイザンスミレ、アリアケスミレ、ノジスミレなどは前者のタイプ。

早春、雑木林の木々が芽吹き始める頃、その下で、藤色の可憐な花を沢山咲かせるスミレをよく見掛ける。タチツボスミレだ。このスミレは有茎種の代表種で、花時には、まだ茎はあまり伸びず、コンパクトに茂って株が花で覆われたように咲いて大変美しい。花が終ると茎が伸び出し、その後は雑草然とした姿になってしまう。このタチツボスミレに似たスミレに、ニオイタチツボスミレというのがある。花はタチツボスミレに似るが、中心部の白目がはっきりとして雄蕊（しべ）の葯（やく）が黄色く目立つ。

中学生の頃、植物採集仲間の友達が、「このスミレ、安っぽい香水のような匂いがするよ」と教えてくれた。嗅いでみると、なるほど、淡い香りがする。安っぽい香水の匂いとは少々気の毒だが、よい香りのするエイザンスミレやヒゴスミレ（これは特に香りが強い）に較べると、何となく安っぽい香水かナという気もする。

スミレを菫または菫菜と書くが、これは誤りで、菫菜とはセロリのことだそうだ。スミレの語源は、花の横姿が、大工が用いる墨壺（墨入れ）の形に似ているからと云われるが、異説もあって定かではない。

スミレの花は、典型的な虫媒花の構造をもつ。下弁の後部は突き出て細長い袋状となり、ここが蜜を分泌する蜜房となっている。雌蕊は花の中心に突き出ていて、その後ろの子房の周囲を五つの葯が取り巻く。飛来した虫は蜜を求めて中へ潜り込む。この時葯からこぼれ落ちる花粉で花粉まみれとなる。次の花へ移ると、体に付いた花粉が次の花の雌蕊の柱頭に付いて授粉が行われるわけだ。ところが、このスミレ類、春に咲く花では結実することが少ない。種子が出来にくいかというと、さにあらず、夏の頃になると、花も咲かぬのに次々と果実を擡(もた)げて、熟すると果実は三裂して多くの種子を弾き飛ばす。これは蕾の小さいうちに自家授精をして結実してしまうからで、これを閉鎖花というが、スミレ類にはこの閉鎖花を出す種類が多い。

以前、庭にエイザンスミレを植えておいたところ、数年後、とんでもなく離れたところにエイザンスミレが生えて花を咲かせているのを見つけた。何でこんなところに？　と不思議に思ったことがある。スミレ類の種子の外周は、発芽を抑える物質を含んだ糖質でコーティングされている。甘い物が大好物の蟻はスミレの種子を銜(くわ)えて遠くまで持ち運ぶ。糖質部を嘗(な)め終えると、そこへ落とされた種子は芽を出す、という寸法だ。こうしてスミレはその種族の分布を広めることになる。この可憐なスミレに、天が、このような知恵を授けたのだろうか。

カラスノエンドウ

Vicia sepium

畑や花壇などで、株元より何本もの茎を長く伸ばし、羽状複葉の先から巻鬚（まきひげ）を出してからみつき、根ついているものに覆いかぶさるように茂る厄介な雑草の一つだが、いざ抜きとろうとすると、その花の可憐さに、しばし躊躇してしまうのが、このカラスノエンドウだ。

わが国のどこにでも見られるマメ科の野草で、はびこると始末に負えなくなることもあるが、その赤紫色の小さな花は意外と可愛らしく眼をひく。赤花のスイートピーをうんと小さくしたような花で、花後、エンドウの実莢（みさや）を小さくしたような莢をならせ、熟すると真黒になるところから、カラスノエンドウの名がつけられたという。この実莢は意外に硬く、先端が尖っていて、下手に摑むとチクリと刺さるように痛い。この種子は炒って食べられると云われるが、まだ試してみたことがない。食べられると云えば、欧米では、これを牧草として利用していて、ザートウィッケン（Saatwicken）と云う。学名をウィキア・サティウァ（*Vicia sativa*）というが、種名のサティウァとは栽培している、という意味があり、これも古くから牧草として栽培されていたからであろう。こうなると、雑草どころか、有用植物ということになる。

因みに、属名のウィキアは巻きつく、という意味で、この仲間には葉先が巻鬚となって他物にからみつくものが多いことによる。ソラマメも同属の植物だが、これには巻鬚はない。またカラ

カラスノエンドウ
Vicia sepium

和名：カラスノエンドウ
科名：マメ科
属名：ソラマメ属
別名：ヤハズエンドウ
生態：越年性1年草
学名：*Vicia sepium*

スノエンドウの変種にツルナシカラスノエンドウという巻鬚を持たぬ種類もある。これなど、からみつく鬚がなくどうやって茂るのかと思うが、多数出る茎がお互いに寄り合って立ち上がるという。

カラスノエンドウの兄弟分にスズメノエンドウというのがある。全国各地に、ごく普通に見られる野草の一つで、カラスノエンドウに較べて茎、葉共に細く華奢な姿のために、カラスに対してスズメというわけだ。花も小さく白っぽいこともあって、カラスノエンドウほど目立たない。草取りをしていると、こちらの方は、カラスノエンドウの時とは異なり、ちょっと気の毒だが抵抗感なく抜きとれる。また、このスズメノエンドウとカラスノエンドウとの中間型のようなカスマグサというのがあり、花容はカラスノエンドウに似て上弁がスズメノエンドウよりよく開き、紫桃色のすじ模様がはっきりと現われる。カラスノエンドウとスズメノエンドウの中間型ということで両者の頭文字をとってカスマグサと云うらしい。

近縁種に、近江の国の伊吹山のみに野生すると云われるイブキノエンドウというのがあり、時にカラスノエンドウと誤称されることがある。だが、これはヨーロッパからの帰化植物で、実莢は黒熟するが、花は淡紫色で、カラスノエンドウほど美しくない。また、花期がカラスノエンドウよりも遅く、初夏に咲く。たぶん、ヨーロッパから輸入した牧草の種子に混じって渡来したものだろうが、伊吹山のみに野生化しているのはどういうわけだろうか。

ソラマメ属（ウィキア属 *Vicia*）には多くの種類があるが、この中で、大変美しいものにクサフジがある。地下茎で繁殖する多年草で、時に大群落を作ることがある。長く伸びる茎は巻鬚によってからみつき、うっそうと茂る。初夏の頃に葉腋（ようえき）から花梗（かこう）を伸ばして、濃紫色の花を密に穂状に咲かせる。広域に分布する植物のようで、海外へ出掛けるとあちこちでこれの群落をよく見掛ける。時には、山肌一面、紫の絨緞を敷きつめたような光景に驚かされることもある。特に、地中海一帯に多い。このクサフジの学名は、ウィキア・クラッカ（*Vicia cracca*）というが、種名のクラッカとは、鳥のカケスのことである。クサフジとカケスにどのような関わりがあるのか、よく解らない。

クサフジの名が付くものに、同属のヒロハクサフジとオオバクサフジというのがある。前者はわが国の中部以北の海岸地帯に野生するところからハマクサフジとも云う。名のように、小葉がクサフジより葉幅が広く丸味を帯びていて、夏に、クサフジに似た赤紫色の花を咲かせる。後者は、小葉は長卵形で大きく、小葉数が二〜四枚と少ない。花はクサフジ同様の美しい濃紫色花を穂状に咲かせる。花時は秋で、秋の山麓や原野に彩りを添える。秋咲きのこの仲間にもう一種、ツルフジバカマというのもあり、クサフジよりも大輪の紫色花を咲かせる。

このように、カラスノエンドウの仲間達、観賞用草花として園芸化されたものはないが、野に咲く花として、けっこう美しいものが多い。わが国ではほとんど利用されていないが、カラスノエンドウは、欧米では牧草として栽培され、クサフジも同様に牧草として利用されているなど、有用植物としての価値も高いし、マメ科植物であるために、レンゲソウ同様に地味を肥やし、緑肥的効果も高いものと思う。有機栽培による自然農法が云々される今日、このようなマメ科植物の利用を大いに考えてみてはどうだろうか。単に、野草、雑草として片付けてしまうには惜しいような気もする。

スギナ

Equisetum arvense

つくし誰の子　すぎなの子

何か子供の頃を思い出す懐かしい響きがある。

本名はスギナ、その胞子茎がツクシだ。この二つ、別の植物のような気がしてしまうが、地下に張りめぐらせる地下茎によって繋がる同一の植物である。

全国至る所に生える野草の一つで地下に縦横に地下茎を張りめぐらし、かなり深くにまで潜る。その地下茎から、次々と芽を出して、いわゆるスギナと称する栄養茎を茂らせ、畑にはびこると、取っても取っても生えてくる始末に悪い雑草となる。地下茎を掘り出して退治できれば上々だが、縦横にはびこる地下茎のこととて、全部を取り除くのは、まず不可能。少しでも地下茎が残ると、そこからすぐに生えてくる。遂には、こちらの方が根負けしてしまうほどだ。

このスギナにしろ、ヤブガラシやドクダミにしろ、地下茎で殖える雑草には全く手を焼いてしまう。生える度に憎らしくなる。スギナもよく見れば、輪生する若緑の糸状の葉に見える小枝は、繊細でけっこう優雅な趣があるが、どうしても憎らしさの方が先へ立ってしまう。ところが、その胞子茎であるツクシの方は、何とも憎めない愛らしさがある。早春の、まだ肌寒い頃、土手の

和名：スギナ
科名：トクサ科
属名：トクサ属
別名：ツギナ、ツギメドオシ、
ツクシ、ツクシンボ
生態：多年草
学名：*Equisetum arvense*

斜面にツクシが顔を出し始めると、ああ、春がやってきたと、何か心が弾むのは私のみではないだろう。

袴と称する鞘に覆われた胞子茎の頂きには花穂に相当する胞子穂を覗かせる。やがて胞子茎は伸びると共に、節間が伸びて、その節々に、袴をつけたように鞘が茎をとりまく。その長い楕円形の胞子穂は何となく坊主頭を連想させて微笑ましい。ツクシンボと呼ぶこともあるが、この名の方が単にツクシと呼ぶよりも親しみがある。子供の頃、東京の町中でも空地にはツクシの出るところがけっこうあり、わが家の庭にも、春早く、他のものにさきがけてツクシが生えてきたものだ。ツクシは佃煮にすると美味しい。母と共に庭に出てツクシ摘みが始まる。袴は硬くモシャモシャするので取り除く。茎を持って袴の付け根に爪を立て、横廻しにクルッとむくときれいに取れる。佃煮にされたツクシが食卓に上る。熱々の炊きたての御飯に、佃煮にされたツクシを数本のせてパクリと食べる。美味しい。独特の歯触りが何とも云えない。春の味である。ツクシとの付き合いは、この母とのツクシ摘みに始まる。子供の頃の懐かしい想い出である。

最近は、都会地ではツクシの出るところがめっきり少なくなったようだが、スギナだけはよく生えてくる。ツクシは痩地によく生え、肥えた土地ではスギナばかり生えると云われるが、それ以外にも原因があるような気もする。また、酸性土になるとはびこると云い、そのため、石灰を撒いて中和させるとよいとも云われるが、ちょっとやそこらではあまり減らないようだ。

アラスカへ旅したおり、アンカレッジの動物園を訪れた時のこと、園内の林側に、巨大なスギナの大群落を見て驚いたことがある。草丈五〇センチメートルもあろうか、こんな大きなスギナは見たことがない。早速、ワイルドフラワーのガイドブックを調べてみたら、わが国のスギナの学名はエクィセツム・アルウェンセ（*Equisetum arvense*）だが、アラスカのはエクィセツム・シルワティクム（*Equisetum sylvaticum*）となっていて、どうやら種類が違うようだ。さらに調べてみたら、わが国のスギナと同種のものもあり、こちらの方が普通にあるらしく、これの胞子茎と思われるツクシも時々見掛ける。

　スギナ属には、このほかいろいろな種類があり、研磨材として用いられ、時に庭園にも植えられるトクサもその一種。このほか、栄養茎の頂きに胞子穂をつける、スギナとツクシが同体となるイヌスギナというのもある。こちらの方は食用にはならないようでイヌスギナと云うらしい。これは水湿地に多く生える。

　最近、都会地ではツクシがあまり見られなくなったためか、ツクシの小鉢植えのものが時々売られている。これはスギナの地下茎を植えてツクシを生やしたのではなく、早春に胞子茎のツクシが地上に頭を出し始める頃に地下茎ごと掘り取って小鉢植えとしたもので、インスタントの鉢植えだ。早いうちから、地下茎だけを鉢植えにしても、そのうちにスギナは出てくるが、まずツクシは出てこない。売られている小鉢植えも、出ているツクシが終れば、まずそれまでで、一時の楽しみということになる。

　スギナとは杉菜の意で、その栄養茎の姿から名付けられたもので漢名は問荊（もんけい）と称する。ツクシはわが国では土筆と書くが、中国では筆頭菜と云う。どちらもその姿を筆に擬（なぞら）えたものだろうが、実際に、ツクシが立ち並ぶ姿は筆を立てたようで実感がある。

　胞子植物であるスギナは、胞子穂から無数の胞子をまき散らすが、この青味がかった淡緑色の胞子には四本の糸状の鬚（ひげ）があり、息などを吹きかけて湿気を与えるとクルクルッと螺旋（らせん）状に巻き込む。子供の頃、これが面白く胞子を手の平にはたき落とし、息を吹きかけて遊んだものだ。

フデリンドウ

Gentiana zollingeri

　雑木林が芽吹き始める頃、天気の良い日に林下を散策すると、積った落葉の中に、可愛いうす紫の花が寄り合うように咲いているのを見掛ける。フデリンドウの花だ。ちょうどその頃に、同じような色合いで咲くタチツボスミレと共に、私の大好きな春の野の花である。天気が悪いと花が開かぬことが多いので、気付かずに終ることが多いが、陽が射すと開いて存在感を示す。林下にひそやかに咲く何ともいじらしい花だ。

　リンドウというと秋の花、というイメージが強いが、この仲間には春咲きのものが何種類かあり、このフデリンドウは、わが国各地で見られるその代表種と云えよう。いずれも草丈一〇センチメートルに満たない小型種が多い。

　このフデリンドウによく似た種類にハルリンドウというのがある。フデリンドウは、北海道から九州に至るまで、わが国のほぼ各地で見られるが、ハルリンドウの方は本州中部以南に分布していて関東以北では見られないようだ。また生えているところが、フデリンドウでは林下や草原に多いが、ハルリンドウの方は湿原などの湿っぽいところに好んで生え、群生する傾向がある。これに対しフデリンドウは群生することはあまりなく、多くは点在して生える。花はよく似ているが、フデリンドウの方がふっくらした感じで、ハルリンドウはそれよりもややスリムだ。大き

和名：フデリンドウ	生態：越年性1年草
科名：リンドウ科	学名：*Gentiana zollingeri*
属名：リンドウ属	

な相違は、ハルリンドウには株元に根出葉があるが、フデリンドウにはそれがない。フデリンドウの名は、蕾の形が筆の穂先に似るためだが、ハルリンドウの方もスタイルは同じである。

両者共、雨天や曇天の日、あるいは夜には花を閉じて開かない。これは、水で花粉が濡れるのを防ぐためだろう。多くの花の花粉は水に濡れると死んでしまう。特にこの花のように上向きに咲かせる花では、一層濡れやすい。おそらく、進化の過程で、このような性質を身につけたのであろう。これも、子孫を残すための、自然の巧妙な仕組と云えよう。

リンドウ類の多くは多年草だが、フデリンドウとハルリンドウは越年性の一年草で、毎年、種子によって子孫を残してゆく。この二種に近い仲間でもう一種、越年性の一年生種でより小型のコケリンドウというのがある。株元より多数の茎を出して、その先端に小さいうす紫色の花を咲かせる。花色はフデリンドウよりもかなり淡い。五〜八センチメートルほどに伸びる茎には対生する鱗状の小葉を密につけ、その草姿が苔のようなところからこの名が付けられている。

このほか、ハルリンドウの変種に高山帯に野生するタテヤマリンドウというのがあり、白色花のものと、青色花のものとがある。富山県の立山に多いのでこの名があるが、本州中部以北から北海道へかけての亜高山〜高山帯に分布していて五〜六月に咲く。

春咲きのリンドウ類は、草姿、花共に愛らしく山野草愛好家の間で、小鉢仕立てにして楽しまれるが、いずれも二年草であるために、毎年種子を蒔いて育てることになる。ところが、普通に種子を蒔くと、コケリンドウは比較的よく発芽するが、フデリンドウやハルリンドウは発芽しにくいと云われる。ラン科植物の種子は無胚乳種子で、天然ではラン菌によって発芽に必要な養分が補給されて発芽するものが多い。そのために、昔はラン菌が寄生している親株の根元や、ランを栽培した用土を用いて、これに種子を蒔いていたが、現在では発芽に必要な養分を含んだ人工的な培地を用いて蒔くことが行われている。リンドウ類のタネ蒔きも、株元に蒔くとよいと云われることがあるようだが、ラン類と同じような仕組があるのかもしれない。

フデリンドウは、昔は雑木林などへ行けば、ごく普通に見られたが、最近はその姿を見ることがめっきり少なくなったような気がする。特に都市近郊の雑木林が、開発によって多くが失われたことにもよるのだろう。東京近郊では武蔵野の雑木林を保存しようと、保護樹林を設けるところが随所にあるが、ここへ行っても、昔のようにフデリンドウを見ることが少なくなってしまっている。武蔵野の雑木林は、元来、燃料林として再生萌芽力の強いクヌギなどを植えた人工林で、燃料のために適時伐採をする。そのために伐採後はしばらくの間、林内にかなり陽が当るようになり、林下にいろいろな植物が生えてくる。昔の雑木林は、その中にいろいろな野草の花が見られて楽しかったが、近頃は、かなりの面積をもった保存樹林へ行っても笹ばかりはびこって、植物相が極めて貧相になり、面白くなくなってしまった。

これは、多くの保存樹林が適宜伐採をせず、そのまま放置してあって、木々が大木に茂って、冬以外は陽が当ることが少なくなってしまったためと思われる。開花に陽光が必要なフデリンドウにとっては、住みづらくなってしまったのかもしれない。

シロツメクサ

Trifolium repens

四つ葉のクローバーは幸福のシンボル。クローバー類は学名をトリフォリウム（*Trifolium*）と云うが、これは三つ葉という意味で、いずれも三小葉をつけるのが特徴である。ところが、時々四枚の小葉をつける株が出ることがある。これがいわゆる四つ葉のクローバーで、シロツメクサの四つ葉が幸福を呼ぶとして探す人が多い。稀に四つ葉どころか、五枚、六枚というのも見つかることがあるが、こうなると宝くじに当ったようなものだ。

シロツメクサは、ヨーロッパ原種で、ホワイト・クローバーとも呼ばれる。わが国への渡来は江戸時代と云われ、オランダの船がガラス製品を持ち来った時に、そのパッキングとしてこのシロツメクサを乾燥させたものを用いたようで、この中に混じっていた種子を蒔いたのがわが国に居着いた始まりと云われている。ツメクサの名も、爪草ではなく詰め草というわけだ。

株元より多数の茎を出し、地を這うように茂り、地に着いた茎から根を下ろして一面に広がってゆく。そのために群生することが多い。牧草としても利用されることが多いし、群がるように咲くその白い花が美しいことから、空地などに、芝代りに種子を蒔いて、カバープランツとしてもよく用いられる。今では、日本全国に野生化している帰化植物の一つでもある。帰化植物には、セイタカアワダチソウや、セイヨウタンポポのように悪玉扱いされるものが多いが、四つ葉が幸

和名：シロツメクサ
科名：マメ科
属名：シャジクソウ属
別名：ミツバ、イジンバナ、クローバー
生態：多年草
学名：*Trifolium repens*

運のシンボルとされるためか、いくらはびこっても悪く云われることがない。

ヨーロッパ一帯には、このクローバーの仲間が多く、山の方へ行くと、シロツメクサに花はよく似ているが、茎が三〇センチメートルほどに立ち上がって咲くモンタナ種（*montanum*）をよく見掛ける。これは小葉が細長く葉だけでも区別がつく。

シロツメクサに対してアカツメクサ、またはムラサキツメクサと云うのがある。これもヨーロッパ原産で、世界中に広がって野生化していて、わが国でも各地でその群生が見られる。シロツメクサよりも大柄で、三小葉も大きい。草姿も茎立って茂り三〇センチメートル以上にも伸び、その頂きに紫紅色のやや長型の、シロツメクサよりも大きめの花房をつける。そして、花房の基部に袴（はかま）をはいたように葉をつける特徴がある。アカツメクサ、ムラサキツメクサ、いずれも花色に因んだ名だが、正確には赤なのか紫なのか。このような名の付け方と全く同じなのが、日本の野生ランで赤紫色の美しい花を咲かせるシランである。シランは紫蘭の意で、一名ベニラン（紅蘭）とも云う。どうやら、赤紫色の花は、人によって赤い色と感じる人と、紫と受け取る人とがいるようで、このような二通りの名が生じたらしい。

近頃、園芸店で、クリスマス・キャンドルという名で、美しいルビー色で花穂の長いクローバーの一種が売られている。これはクリムソン・クローバー（Crimson Clover）と呼ばれる一年生種で、花壇や花鉢植えにするとよく映え美しいが、これも元々は牧草として使われていたものである。これは、わが国では野生化はしていないようだが、近頃、黄色の小さな花房をつけるコメツブツメクサという種類が急速に野生化しだしているようだ。

ヨーロッパ・アルプスの山歩きをしていると、山の斜面の草地一面がピンクに染められている光景を時々見掛ける。それは、ちょうどレンゲ畑を見るような美しさだが、その正体はアルパイン・クローバーというアルプス産のクローバーであることが多い。花もレンゲによく似ていて、私は、初めレンゲの仲間かと思い、勝手にアルプスレンゲと名付けていたが、葉はレンゲの羽状複葉に対して、細長い三小葉であるので、まさにクローバーの仲間で、この名は即、訂正することにした。

このほか、クローバーの仲間には多くの種類があって、黄花のアウレウム種（*Aureum*）、黄金色で、下部の古くなった花が茶褐色となるブラウン・クローバーなどはヨーロッパの山地でよく見掛けるし、ホワイト・クローバーは時に淡紅色の色変りがあって、遠目にはレッド・クローバー（アカツメクサ）と見間違えることもある。

クローバー類は蜜源植物としても重要で、特にホワイト・クローバーの蜜は蜂蜜の中でも高級品扱いされる。四つ葉のクローバー探しも楽しいが、昔は、女の子達がホワイト・クローバーの花摘みをして花輪を作って遊ぶ光景が見られたものだ。今の子供達は、そのような遊びを知っているだろうか。レンゲソウといい、シロツメクサといい、春の野辺には、このような遊びを恵んでくれる野の花々が数々ある。自然を友とするこのような遊びが、失われつつあるのを寂しがるのは、年寄りのノスタルジーかもしれないが、惜しい気がする。

野生化した帰化植物の中で、これほど恵みを与えてくれる植物もないだろう。四つ葉でなくとも、やはり幸せをもたらす植物と云いたい。

スズメノカタビラ

Poa annua

わが家は、お寺の一隅を借用して住まわせていただいていて、境内の手入れを手伝うことがよくある。広い境内のこととて、草取りが一仕事となる。冬から春へかけては、ハコベ、ミミナグサ、ホウコグサなどの越年性のいわゆる冬草と称する雑草が、夏には、スベリヒユ、コニシキソウ、メヒシバなどの夏草が取っても取っても生えてくる。この中で、意外にしつこく生えて閉口するものの一つにスズメノカタビラというイネ科の冬草がある。

芝に似た線形の葉は鮮緑色で、触ると柔らかく弱々しいが、性質はかなりしぶとい。株元より何本も芽分かれして茂り、早春から春へかけて芽の先に花穂を覗かせ、生長すると円錐状となる穂を開いて、細かい小花を綴(つづ)る。別に観られるような美しさはないが、何となく愛らしさがある。草丈一〇~一五センチメートルの小型の草で、その疎(まば)らな花穂を、単衣(ひとえ)の着物、帷子(かたびら)に模して付けられた名のようだが、雑草にしては粋な名を付けられたものだ。

この仲間には、これを大型にして、高さ四〇~五〇センチメートルぐらいに伸びるカラスノカタビラというのがある。スズメノカタビラは葉がやや短く、先がやや丸味を帯びるが、こちらの方は葉は細長く先が尖る。大きくなるので、雀に対して烏というわけだが、大きいのなら、鷹とでも鷲とでも付けても……とも思うが、やはり、ごく身近な鳥の鳥の方がしっくりとする。スズ

和名：スズメノカタビラ	別名：ハナビグサ、ホコリグサ
科名；イネ科	生態：越年性1年草
属名：イチゴツナギ属	学名：*Poa annua*

メノエンドウに対するカラスノエンドウも同じ思いがする。

このカラスノカタビラも各地に野生する雑草扱いの草だが、一名オオイチゴツナギと云う。大苺繫ぎの意で、実は、このグループに別にイチゴツナギという種類があり、これより大型というのでこの別名が付けられたらしい。イチゴツナギは、河原や土手などによく生えるので、別にカワライチゴツナギの名があるが、どうして苺繫ぎなどという変った名が付いたのだろうか。調べてみたら、昔、田舎の子供達がキイチゴの実を採って、この茎に刺し通して持ち帰ったことによる、とある。熟れたキイチゴの実はかなり軟らかい。この実を突き通して持ち歩いたら、家へ帰るまでに、みなこぼれ落ちてしまうような気がするが、本当だろうか。実際にやってみたことがないので、ちょっと信じがたい。このほか、湿潤な地に多く生えるミゾイチゴツナギというのもあり、イチゴツナギの名を冠したものが多いが、スズメノカタビラなど、さしずめ〝チャボイチゴツナギ〟とでも云うべきか。もっともこれは茎が短いし、キイチゴが熟れる前に枯れ終ってしまうだろうから、やはり無理と云えよう。

スズメノカタビラを始め、この仲間は学名をポア属（*Poa*）と云う。ポアとは草のことで、随分と簡単に扱われてしまった名で、ちょっと気の毒なような気もするが、この仲間には、牧草として重用された種類がある。日本名をナガハグサと云い、ヨーロッパ原産で、明治初期に牧草としてもたらされ、その後、各地に野生化した帰化植物の一つだ。牧草としてはケンタッキー・ブルー・グラス（Kentucky Blue Grass）と云う。元来牧草であるが、ローン・グラス（Lawn Grass）として用いられることもあり、市販の西洋芝の種子には数種が混合されていて、このケンタッキー・ブルーグラスも混ぜられていることがある。ただし、これは草丈がよく伸びるので、これの混じった芝生は頻繁に芝刈りをしないとボサボサに茂ってしまい、芝生の体をなさなくなってしまう。

芝生と云えば、スズメノカタビラはよく芝生に入り込むことがある。小型なので、芝と区別がつけにくいことがあるが、冬は葉が枯れる日本芝の場合には、冬の間も緑の葉を茂らせるスズメノカタビラは、冬期ならばすぐに見つけられる。ただし、芝生中に生えたスズメノカタビラを引き抜いて取るのは、かなり根気のいる作業だ。同属のナガハグサは西洋芝として利用されることがあるのだし、小型だから、面倒くさくなってこのままでもよいか、と思うこともある。だが、越年性の一年草で、夏にはなくなってしまうからと放置してしまうと、やたらと種子をまき散らすため、次の年には猛烈に殖えて本来の芝を押しのけてしまうおそれもある。やはり、面倒くさくとも丹念に抜き取るより仕方がない。

寺の境内に生えるスズメノカタビラ、取っても取っても生えてくる。砂利を敷きつめたところに生えたものなど、抜き取るのに往生をする厄介者だが、穂が出てくると、疎(あら)い花穂と、短めの葉とのバランスがよくとれていて、何やら愛らしさを覚え、引き抜くのを躊躇(ちゅうちょ)しがちとなることもある。でも、やはり引き抜かねばならぬ。心を鬼にして、と云うと大袈裟だが、植物を愛する私にとっては、草取りは少々複雑な思いのする作業だ。そして、取り終わって後ろを振り返ってみた時、綺麗になった境内に、さっぱりとした気持ちが漂う。

まだまだ悟り切れない。南無阿弥陀仏……。

ミミナグサ

Cerastium fontanum subsp. triviale var. angustifolia

花壇や畑、道端、空地などには、いろいろな、いわゆる雑草と称する草が生えてくるが、冬から春へかけて草取りをしていると、必ずと云ってよいほどにお目にかかるものにミミナグサというのがある。

株元より何本も出る茎は赤紫色で、地を這うようにして広がって茂る。茎の節間は長めで、節に対生して葉をつけ、茎葉共に微毛が生えているため、ソフトな感じがする。

ミミナグサは「耳菜草」の意で、その対生する葉を耳、それも鼠（ねずみ）の耳に見立て、菜は、その若苗が食べられるというところから付けられたというが、私はまだ食べたことがない。よく似たハコベはけっこう美味しいが、こちらの方はどうだろうか。

春の訪れと共に、茎の先々に、ハコベに似た小さな五弁の白い花を咲かせる。花付きが疎（あら）いので見映えはしないが、一輪一輪はけっこう愛らしい。

最近、これに近縁のヨーロッパ原産で、明治時代に渡来して野生化した帰化植物の一つに、オランダミミナグサというのがあり、在来のミミナグサよりも多く見られるようになった。非常によく似ていて混同されやすいが、花のつく花柄が、ミミナグサの方が長く一センチメートルほどになるのに対し、こちらの方は短くその半分程度の長さ、という違いがある。悪環境でも平気で

和名：ミミナグサ
科名：ナデシコ科
属名：ミミナグサ属
生態：越年性1年草
学名：*Cerastium fontanum subsp. triviale var. angustifolia*

育つために、在来のミミナグサを打ち負かしてはびこっていることが多い。

この仲間は、ミミナグサ属（ケラスティウム *Cerastium*）と云い、いろいろな種類がある。北海道でよく見掛けるものにオオバナミミナグサというのがあり、名のように、この仲間では大輪で花付きがよく、観賞用に植えてみたくなるほどだ。

観賞用に園芸植物として扱われている種類もある。これはヨーロッパ原産の多年生種で、トメントーサ（*tomentosa*）という種類もその一つで、一般にはナツユキソウと呼ばれる。夏雪草の意で、初夏の頃に、白い花を、横這いに密生して茂る株一面に咲かせ、しかも茎葉に白い微毛を密生し、株全体が白一色に覆われ、まさに雪景色を見る思いがするために夏雪草と云うが、これは元来、英名スノー・イン・サマー（Snow in Summer）を邦訳したもので、正式にはシロミミナグサと云う。ロック・ガーデンや通路などの縁取り用としてあちらではよく用いられているが、わが国では冷涼地でないと、夏に弱りやすく、花が咲き終るとみすぼらしい姿となってしまうことが多いので、あまり植えられていない。ヨーロッパなどの夏に冷涼な地域では、花後も、その白い茎葉がけっこう美しく楽しめるので利用されることが多い。

わが国には、ミミナグサ以外にも、オオバナミミナグサを始め、優雅な名を持つタガソデソウ、高山植物で花弁周辺が切れ込みの深いミヤマミミナグサなどがある。この仲間は、北半球の温帯域に一〇〇種ほどが分布する大きな一族で、ハコベ（ステルラリア属 *Stellaria*）や、ノミノツヅリ（アレナリア属 *Arenaria*）など、よく似たグループが幾つかある。

ミミナグサや、近頃多くなったオランダミミナグサなど、草取りの対象となる雑草の立役者的存在だが、株元を見つけて引き抜くと、大きな株でもずるずると引き抜けてちょっとした快感がある。

ミミナグサ
Cerastium fontanum subsp. triviale var. angustifolia

ハルノノゲシ

Sonchus oleraceus

単にノゲシとも云う。桜の花見時の頃から、道端に、空地に、赤みを帯びた太い茎を立て、深く切れ込む大きな葉を茂らせて、枝分かれする茎上部に、タンポポの花をやや小さくしたような黄色花を咲かせる大型の雑草をよく見かける。今年もまた、ノゲシの咲く季節になった。

ノゲシとは「野罌粟」の意であるが、ケシの仲間ではない。その葉姿がケシに似るところから付けられた名だ。春に多く咲くため、ハルノノゲシと呼ばれるが、秋まで長期間にわたって咲き続け、暖地では冬になっても咲いている。わが国の野生植物として扱われているが、元々はヨーロッパがその故郷らしく、わが国へは古く有史以前に中国を経て入り込んだと云われる。このような帰化植物を史前帰化植物と云うようだ。

このノゲシによく似た、これもヨーロッパからのお客さん（北アメリカ原産という説もある）で、明治時代に入ってきたものにオニノゲシというのがある。鬼という名が付けられているように、ノゲシよりも茎が太く、人の丈近くまでたくましく伸びる。ノゲシの葉縁には刺（とげ）があるが、触ってもそれほど感じない。ところが、オニノゲシには目立った刺があって、触ると痛いほどだ。加えて、その葉には照りがあり、ごわごわした感じで、まさに「鬼」というところ。この他、葉の付け根にも違いがある。どちらも茎をまたぐようにして葉を付けるが、ノゲシの方は下に向う

和名：ハルノノゲシ
科名：キク科
属名：ノゲシ属
別名：ノゲシ
生態：越年生１年草
学名：*Sonchus oleraceus*

基部の両側が尖って突き出ている。これに対し、オニノゲシの基部は丸く、茎をはさむようにして巻き込んでいて、その形はまるで巻き貝をくっつけたようにも見える。

ところが、近頃、わが農園に生えているものを見ると、葉の付け根の形がノゲシだかオニノゲシだか判別のつけにくいものが多く、首をかしげることがよくある。葉型や刺の様子も中間的で、どちらか区別しにくいのである。いろいろと調べてみたら、どうやら、この二種の雑種があるらしい。両種混生することもあり、ごく近縁種だから、雑種ができても不思議ではないだろう。

この一属、ソンクス属（*Sonchus*）は和名をハチジョウナ属とも云い、わが国にはこの二つの外来種の他、ハチジョウナという在来種があり、その名が属名となっている。全国に分布するが、中部以北の海岸地域に多く見られるという。ハチジョウナは「八丈菜」と書くが、八丈島と関係があるかどうか調べてみたら、これは八丈島に野生が多いと思われてしまったことからのようで、八丈島とは直接関係はないようだ。

ノゲシ、オニノゲシともにヨーロッパ生れであるが、これらソンクス属の植物が意外に多く見られるところがある。北アフリカはモロッコの沖合、大西洋に浮かぶカナリー諸島という火山列島である。鳴き声の美しい小鳥カナリアの原産地としてよく知られているが、固有の珍しい植物が多いことでも有名だ。春先の温室鉢花として人気のあるシネラリア、切り花によく用いられるマーガレットもこの地域出身であるし、この他カナリーヤシ、リュウケツジュ（ドラケナ・ドラコ *Dracaena draco*）、大型エキウム類（*Echium*）など、園芸的にもよく知られた植物が多い。種小名にカナリエンス（*canariens*）と名付けられたものが結構あって、大西洋中に隔離された島々であるためか、独特の進化をしたのではないだろうか。それらの中にあって、かなり種類の多いのが、このソンクス属の植物である。丈が二メートル以上にも伸び、茎の下の方は木質化して、草と云うべきか木と云うべきか迷うような大型種から、草丈二〇〜三〇センチメートルの小型種まで、いろいろなタイプがある。平地から道端、種類によっては崖の岩場にへばりついて垂れ下がって咲くものもある。そして、花はノゲシよりも大きく見映えのするものが多い。初めは何の仲間かと思っていたが、調べたらいずれもノゲシの仲間、ソンクス属であることが解った。わが国に野生する二種は花も小さく、何となく雑草然としているが、この島のものは花が美しく、それこそ雑草扱いするには気が引ける。

以前、山羊や兎を飼っていた頃、意外に困ったのが冬場の餌だ。春から秋までは生い茂る草々を刈って十分に間に合ったが、霜枯れる冬になるとそうはいかない。生け垣に植えられていたマサキを喜んで食べるので、刈り込みを兼ねてその枝を切って与えるが、これとて一冬は保たない。シラカシ、竹の葉、笹の葉と、常緑で食べてくれるものを次々と与えて何とか冬を越す。春の訪れとともに再び草々が茂りだしてほっとする。この時にありがたかったのがノゲシだ。大きく茂るので採草量が多い。しかも、山羊も兎もこれを好んで食べてくれる。私とノゲシとの付き合いは、こんなことから始まった。これも懐かしい想い出の一つだ。

ノボロギク

Senecio vulgaris

漢字で書くと「野襤褸菊」。襤褸菊(ぼろぎく)とはずいぶんひどい名だ。道端にゴミが捨てられているようで、どうもいただけない。もっとも、このボロギクという名は山間渓谷地などで見られる同属のサワギク(沢菊)の別名で、その仲間で野に生えるところからノボロギクと名付けられたという。

わが国各地に野生し、時に群落を作るが、本(もと)を正すとヨーロッパからの帰化植物で、明治時代に渡来し、たちまちのうちに全国に広がったと云われる。それまでの鎖国が解けて、海外との交流が盛んになったこの時代には、わが国に渡航して居着いてしまった帰化植物がかなり多い。ノボロギクもその一つと云えよう。

草丈二〇センチメートルほどで、シュンギクの葉に似た切れ込みのある柔らかい感じの葉を付ける。ちょっと美味しそうに見えるが、これを食べるという話は聞いたことがない。春たけなわになると茎立ちして、その先端に小さな黄色の筒状花をまとめて付ける。舌状花がないので、いつまでもつぼんでいて開かないが、これで咲いている状態だ。花が咲き終り、やがて種子が熟すると、タンポポと同じように毛毬のようになって、春風とともに吹き飛ばされて遠くまで分布を広げる。このような種類はキク科植物にはかなり多いが、この一属の学名セネキオ(*Senecio* キオ

和名：ノボロギク	生態：1年草
科名：キク科	学名：*Senecio vulgaris*
属名：キオン属	

ン属）とは「白髪の老人」という意味で、この白い毛を持つ種子の毛毬から名付けられたものだろう。

このセネキオ属の植物は、わが国にもサワギクの他、かなりの種類が全国に分布する。大型で秋に黄色花を散房状に咲かせるキオンや、同じように大型で黄色花が咲くハンゴンソウ——「反魂草」と書く。葉が手のひらのように深く切れ込んで、葉先がやや垂れ下がる様子が、まるで幽霊がおいでおいでをしているようだということから名付けられたらしい——、北地の海岸地帯でよく見られる黄色大輪花を開くエゾオグルマなど、いろいろな種類がある。

わが国だけではなく、同属植物は世界中に分布を広めていて、どこへ行ってもこの仲間を見かける。もちろん、ノボロギクの故郷であるヨーロッパにも多い。

スコットランドの岩山の上に建つエジンバラ城を訪れたおり、そのそそり立つ山の岩肌に点々と黄色い花が咲いていて、黒っぽい岩肌に黄色の花が目立っていた。草姿、茎葉はノボロギクに似て花びら（舌状花）があったから、これはたぶんウェルナリス種（*Senecio vernalis*）で、ヨーロッパのあちこちでよく見かける花の一つだ。

セネキオ属には黄色花のものが多いが、美しいピンク系の種類もある。その一つが、温室鉢花として改良された、カナリー諸島原産のセネキオ・クルエンツス（*Senecio cruentus*）である。園芸的にはシネラリアと呼ばれるが、シネが「死ね」に通ずると云い嫌がられ、わが国では一般にサイネリアと云っているようだ。ところが、サイが「災」だとして、またまた嫌がられる。やれやれ、こうなると何と呼んでよいのか解らなくなるが、実はこの花、素晴らしい日本名が付けられている。フウキギク（富貴菊）が正式な和名で、この名で扱えばリッチな気分で楽しめる。不思議なことに、花店でこの名で売られているのを見たことがない。この不景気な時代、ぜひこの素晴らしい名前で扱いたいものだ。

このクルエンツス種、野生のものは草丈五〇〜六〇センチメートルにまで伸び、紫紅色の花を咲かせ、春にカナリー諸島を訪れると、あちこちにその野生が見られる。

もう一つ美しい花を咲かせる種類がある。南アフリカのケープ地方は、世界三大ワイルドフラワーの宝庫の一つとされ、特に九月から十一月の春の季節（南半球のため、わが国と季節は逆になる）には、色とりどりの野生の花が咲き乱れる。その中にあって、ピンクの絨毯を敷き詰めたように咲く花がある。特にケープ岬付近に多い、セネキオ・エレガンス（*Senecio elegans*）の群落だ。私が見た範囲では、同属の中では最も美しい花と思う。種名のエレガンスは「優美な」という意味で、美しさの点では同属中のナンバーワンというお墨付きを得ている。

このエレガンス種が、南アフリカから旅立って海外へ移住したところがある。西オーストラリアから南オーストラリアへかけての海岸地帯で、しばしば群落を作り、故郷のそれよりも色濃く、さらに美しい。この他、ニュージーランドにも野生化しているところがある。

クルエンツス種は園芸化されたが、それよりも美しいエレガンス種の方は園芸化されていない。あまりにも野生の花が美しいためだろうか。

キツネアザミ

Hemistepta lyrata

晩春の頃、一メートル近くに直立する茎を立て、数多出る小枝も親茎にならうように上向きに伸びて、その先々に紫桃色のアザミの花を小さくしたような花を咲かせ、何となく愛らしさが漂うのが、このキツネアザミ。

アザミの名が付くが、アザミ属とは異なる別属のキツネアザミ属（*Hemistepta*）の植物である。キツネの名が付けられたものは、それが偽物という意味のことが多く、このキツネアザミも「偽物アザミ」というわけだ。

田圃などに多く生えるが、畑地でも結構見られ、わが農園にもよく生える。春の訪れとともにぐんぐんと伸び、他の草々に抜きん出て花を咲かせるので、遠目にもよくわかる。葉は深裂する細手で、アザミ類のように刺はないが、葉裏に細かい白毛があるため、葉の裏が白っぽく見える。雑草として扱われてしまっているが、群生して咲くと結構美しい。

同種かどうかよく解らないが、ニュージーランドでもこれにそっくりな花の群生を時々見かける。いつであったか、向こうの雑誌か何かに、これの群生を前景に、雪を戴くマウント・クックの写真が載っているのを見たことがある。マウント・クックの前景には野生化したルピナスというのが、この手の観光写真の定番だが、キツネアザミ（?）を前景にしたマウント・クックの写

キツネアザミ
Hemistepta lyrata

和名：キツネアザミ
科名：キク科
属名：キツネアザミ属
生態：越年生１年草
学名：*Hemistepta lyrata*

真は珍しい。こうなると、キツネアザミもいわゆる雑草とは云いがたい。ただし、これがキツネアザミだとすればニュージーランド産ではなく、これも帰化植物の一つということになる。この国では野外で見る多くの花、特に白花以外の有色花はほとんど帰化植物であるから……。

ニュージーランドは、その気候のよさから、海外から渡ってきて野生化したものが多く、帰化植物の天国とでも云いたくなる。有名なルピナスやハナビシソウは北アメリカ原産、ベニバナカノコソウ、キンギョソウ、宿根スイートピー、ジギタリスなどはヨーロッパ生れ、キンレンカ（ナスターチウム）などは南アメリカ生れだし、ハゴロモギク、マツバギク、オランダカユウ、セネキオ・エレガンスなど、南アフリカ生れのものも多い。キツネアザミもその一つとすれば、移住して立役者になったようなものだ。

キツネアザミの名が付いている植物が、わが国にはもう一つある。本州の北部から北海道一帯に分布するエゾキツネアザミがそれである。キツネアザミの名は付いているが、同じキク科でも別属のアレチアザミ属（*Breea*）の植物である。キツネアザミは越年生の一年草だが、こちらの方は多年草で、葉も細長く、花が咲く頃には下葉（根生葉）はなくなっている。花は紫紅色の小型の頭状花で、ちょっと見がキツネアザミに似て、北海道に多いので「エゾ」の名が付けられたものと思う。もう一つ異なる点はエゾキツネアザミの方は雌株と雄株とがあることで、キツネアザミのように雌雄同株ではない。動物には雄、雌の区別のあるものが多く同体のものは少ないが、植物はその逆で、同体――それも一つの花で雄蕊（しべ）、雌蕊を備えているものが多く、雌雄異体のものの方が少ない。異体のものは樹木類にはしばしばあるが、草物類で雌雄異株というのはかなり少ない。どうしてこのような違いができたのか、まだ聞かれたことはないが、ＴＢＳラジオの「全国こども電話相談室」で、このことを聞かれたらどうしよう……。

さて、このキツネアザミ、わが農園では年々殖えてくるようだ。秋に芽を出して冬越しをする、いわゆる越年草の一つで、冬の間は切れ込みのあるタンポポ型の葉を地べたに張り付けたように茂らせる。このような状態を学問的にはロゼット状と云うようだ。越年草の多くは、このロゼット状で越冬するものが多い。やがて、春の彼岸を過ぎると、このキツネアザミは急に茎立ちして伸びてくる。しばらく見ないでいると、その茎先に蕾を付けている。その生長は思いのほか速い。「春が来たぞ!」と一気に伸びてくるようだ。

育ってしまうと、植えてある植物を傷めてしまうので、早々に抜き取らねばならぬ雑草の一つだが、油断をしていると、いつの間にか茎立って花が咲きだしてしまう。こうなると、引き抜くにも骨が折れるばかりでなく、その可憐な花を見ると、抜きづらくなってしまう。わが農園でも、そうして抜き残したものが点々とある。やがて綿毛の付いた種子が実り、風に飛ばされて散りまかれる。年々殖えてくるわけだ。

ニガナ

Ixeris dentata

晩春から初夏へかけて草原を散歩すると、千々の草々の中から、他の草に寄りかかるように細い茎を伸ばし、細かく枝分かれしながら、その先々に黄色い小さな五弁の舌状花を開く花を見ることがある。派手ではないが、星を散りばめたように咲くその愛らしい花に、思わず微笑む。

その名はニガナ。漢字で書けば「苦菜」の意で、その可憐な花には似つかわしくない気がするが、茎や葉を切ると白い乳液を出し、舐めると苦いところからこの名が付けられた。この花は晴れた日にはよく開くが、雨天など天気が悪いと閉じる性質があるため、このような時には気がつかぬことが多い。花が終ると、タンポポのような毛玉を付けた実が風に飛ばされて分布を広めてゆく。

このニガナの変種にハナニガナというのがある。こちらの方は花びらの数が一〇枚前後と多いので、ニガナとは容易に区別がつくし、茎も太めで、ニガナが他の草に寄りかかるように伸びるのに対して、こちらの方は自分で直立して育つという違いがある。花弁数が多く、花付きもよいので、ニガナよりも目立つし、結構美しく、庭に植えて楽しんでみたら面白いと思う。

過日、ある園芸雑誌の編集室から、「読者から、この植物の名前を教えてほしいと、カラー写真を送ってきたが、調べてほしい」と頼まれた。花の写真では、ハナニガナであろうと思い、そ

ニガナ
Ixeris dentata

和名：ニガナ
科名：キク科
属名：ニガナ属
生態：多年草
学名：*Ixeris dentata*

の旨返答をしたが、葉に紫の斑（まだら）模様が入っている。普通、斑（ふ）入り葉というと、白か黄色の斑だが、これは紫色である。何でも友人が山で見つけて採ってきたものを分けてもらったのだそうだ。突然変異で生じたものだろうが、これは珍しいものと思うし、観賞植物としても十分に価値があるだろう。

ニガナの名が付く植物は、この他にもいろいろとある。

高山に居着いたタカネニガナはニガナの一変種とされていて、夏の頃にニガナよりやや大きい花を咲かせ、時に白花のものがあって、これをシロバナニガナと云う。

初秋の頃、山野の林側などに一メートルほどの茎を伸ばし、ニガナに似た黄色の小花を咲かせるヤマニガナは、スリムな姿で何となく弱々しい感じだが、時に茎太く剛直に育つ株もある。育つ場所の陽当たり具合や地味などによって、このような差が出るのであろうか。同じ頃に山歩きをすると、一メートルに達する細い茎を伸ばし、この仲間では珍しく、紫色の小花を大きな円錐状の花序に多数咲かせるムラサキニガナというのを見ることがある。この二種はアキノノゲシ属（ラクトゥカ *Lactuca*）のものだが、このグループはニガナ属（イクセリス *Ixeris*）とはごく近縁で、ニガナも書物によってはラクトゥカ属に分類されていることもある。ラクトゥカとは「乳」という意味で、どちらも白い乳液を分泌する。

ニガナとはかなり葉のスタイルの違うものに、カワラニガナというのもある。名前のように河原に生えていて、葉は細長い線状で、株元より群がって茂り、白緑色で硬い木質の根茎がある。五月頃に茂る葉の中から二〇センチメートルぐらいの花茎を出して、淡黄色のニガナよりやや大きい舌状花弁の多い花を咲かせる。

河原があれば浜辺もある。ニガナ属の中のハマニガナがそれで、各地の海岸の砂地に長く伸びる地下茎をはびこらせ、海浜性植物らしく肉厚で三裂する幅広い葉を地下茎の節々より出して茂り、径三センチメートルぐらいの、この仲間ではかなり大きな花を咲かせる。遠くからだと、砂の上に花が張り付いて咲いているようにも見える。その葉が何となくイチョウの葉に似ているところから、ハマイチョウとも云われる。

過日、千葉県印西市にあるＪ農園を訪れた。グリーン・インテリアの一つとして、ミニ観葉植物の独創的な寄せ植えや、カバープランツとしての各種観葉植物苗の生産などの他、家庭園芸向きのいろいろな多年生草花の開発・普及など、ユニークな経営で知られている農園である。山を切り崩して造成したという農園は、緑豊かな山林に囲まれて心地よい。その山林の土手の草々が茂る一角に、黄色いタンポポに似た花が群がって咲くのが目立つ。ハナニガナのコロニーだ。専務の奥さんが、「この土手は、春にはスミレの花がいっぱい咲くんですよ」と云う。この他にも、野生のウドやタラの木もあるし、季節季節にいろいろな野草が入れ替り立ち替り生えてきて楽しいという。緑濃い初夏の立役者は、どうやら、このハナニガナのようだ。

フキ

Petasites japonicus

わが国原産の野菜というのは意外に少ない。多くは外来種だが、あることはある。ミツバ、ウド、ヤマノイモの三種以外はほとんど山菜に近いが、かなり栽培もされ八百屋でも売られているものに、セリやフキが挙げられる。

山地では雪解けとともに雪を割るようにして、太くずんぐりとした、いわゆる蕗の薹が顔を出す。平地でも、土手などに他の野の花に先がけて顔を覗かせる。これが出始めると、いよいよ春到来である。

この蕗の薹、育ったフキの花芽で、出てくる頃には寒さから身を守るように、薄緑色のソフトな感じのする薄皮（苞）に覆われている。この頃に摘み取って細かく刻んで味噌汁に浮かべたり、蕗味噌などにして食べる。独特の苦味と香りがあるが、爽やかな苦味で、好む人が多い。熱い味噌汁に浮かべた蕗の薹の香りと、ほろりとした苦味に春の訪れを感じるのは私だけではないだろう。

蕗の薹は、出てくると間もなく袴を広げるように開いて、その中に白っぽい小さな頭状花を坊主頭のように覗かせる。その様子はカリフラワーをうんと小型にしたようで、どこか可愛らしい。フキは雌雄異株の植物で、雌株の花は白いが、雄株の花は黄味を帯びる。雄株の茎は伸びな

和名：フキ
科名：キク科
属名：フキ属
生態：多年草
学名：*Petasites japonicus*

いが、雌株の方は茎立ちして三〇～四〇センチメートルほど伸びて綿毛のある種子を付ける。雄株は授粉さえ終えればご用済みだが、雌株の方は種子を結び、これを撒き散らさなければならない。これには高く伸びた方が綿毛付きの種子が遠くまで飛びやすい。これも巧妙な自然の仕組みの一つと云えよう。

フキの株は地下茎によって広がり、ここから花芽を出し、その後から葉が出てくる。そして太めの長い葉柄（ようへい）の先に大きな腎臓形の葉を広げる。この葉柄も花芽と同じく、食用にされる。子供の頃、庭に植えてあったフキが茂りだすと、母がこれを摘んできて鰹節（かつおぶし）とともに煮てくれたのを想い出す。

このフキの変種に、東北から北海道へかけて野生するアキタブキというのがある。フキに比べて蕗の薹も、葉柄も、葉もすべて大柄で、その葉柄は太く長く、時に人の背丈以上となる。葉も直径一メートルになるほど大きく、山で雨に降られた時に傘代りにするというが、この大きさならば十分に役立つに違いない。この葉柄は見るからに太く豪壮で、硬そうに見えるが、質がよく意外に軟らかで、栽培されたものが八百屋で売られているし、北海道で蕗料理というと、すべてこのアキタブキである。

フキ属（ペタシテス *Petasites*）の植物は、わが国ではフキとアキタブキの二種であるが、北半球の温帯から亜寒帯へかけていろいろな種類がある。ヨーロッパの山地を旅すると、アルプス地方では葉がやや縦長の三角形をしたパラドクスス種（*Petasites paradoxus*）の群生をよく見かけるし、その他アルプス種（*Petasites albus*）やヒブリドゥス種（*Petasites hybridus*）など何種類かがある。

アラスカの六月中旬から七月中旬の一カ月間は、野生の花々が一斉に咲きだす、花の最も美しい季節だ。六月中旬から下旬頃にこの地を訪れると、山の雪解け際や氷河の縁などに優しいピンクの花を咲かせるフキの一種、フリギドゥス種（*Petasites frigidus*）が見られる。この他にも、これによく似たヒペルボレウス種（*Petasites hyperboreus*）や、この仲間では珍しく葉に深い切れ込みのあるパルマツス種（*Petasites palmatus*）などもある。

フキ属に近い別属のものにフキタンポポ（*Tussilago farfara*）というのが中欧から北欧の山地でよく見かける。雪解け期に、葉に先がけて、ちょっとタンポポに似た細弁の黄色い菊状花を咲かせる。何となくそのムードがフクジュソウに似ていて、同じように春早く咲くために、近頃では暮れになると、その平鉢植えにされたものが正月飾り用として売られている。和風な感じがするために国産種と思われがちだが、もともとはヨーロッパの山草だ。

フキは前述のように葉柄や蕗の薹が賞味されるが、昔から薬用としても用いられる。蕗の薹を干して煎じたものが咳止めに用いられ、これを和款冬花（わかんとうか）と称する。因みに漢方で云う款冬も咳止めに用いるが、わが国のフキとは別種で前述のフキタンポポのことだそうだ。したがってフキを款冬と書くのは誤りということになる。実は、中国にはフキはないので「蕗」と書くのも正しくはないらしい。

フキの名が付くものには、ツワブキ、ノブキ、トウゲブキ、マルバダケブキといろいろあるが、フキ以外はいずれもフキ属ではない。

バラモンギク

Tragopogon pratensis

　私の住む小平の地域内に、国分寺から西武新宿線の萩山とを結ぶ多摩湖線という単線の支線がある。だいぶ前に、この沿線沿いの道を歩いていた時、タンポポの花を更に大輪にしたような黄色い花が点々と咲くのを見て、「はて、何の花だろう?」と思った。茎は三〇〜四〇センチメートルに伸び葉は細長く、タンポポとはまったく違うし、花も大きい。その時は珍しい花があるナ、ぐらいに思っていたが、その後、これがバラモンギクというヨーロッパからのお客さんであることが解った。

　この一属、バラモンジン属（トラゴポゴン *Tragopogon*）は北アフリカ、ヨーロッパ、西アジア一帯に四五種類ほどがあると云われ、黄色花を咲かせるこのバラモンギク（キバナムギナデシコ）と紫色花のバラモンジン（ポリフォリウス種 *Tragopogon porrifolius*）の二種が代表種で、特に地中海地方を旅すると両種ともよくお目にかかる。どちらもなかなか美しい花で、観賞用草花としても楽しめそうだが、園芸用としては改良されていない。あまりにどこにでも野生しているためか、あるいは朝早く花開き、昼過ぎには萎んでしまい見られる時間が短いためか、その辺のところはよく解らない。しかし、その太い牛蒡（ごぼう）状の根を食べる習慣がヨーロッパにはあり、洋菜の一つのサルシファイというのがこれで、根菜としての改良種があるほどだ。わが国には明治初期

バラモンギク
Tragopogon pratensis

和名：バラモンギク
科名：キク科
属名：バラモンジン属
生態：多年草
別名：キバナムギナデシコ
学名：*Tragopogon pratensis*

に渡来し、これを西洋牛蒡と称しているが、一般にはあまり食べられてはいない。日本人は、やはり本物の牛蒡の方がお好きのようだ。

バラモンジンは「婆羅門参」と書く。婆羅門とは古代インドで最高位の身分だそうだが、この特権階級の人々によって始まった宗教をバラモン教と云う。この名が、なぜこの植物の名になったかは寡聞にしてよく知らないが、婆羅門僧が食べる人参（ニンジン）というところではないかと思っていた。ところが、牧野富太郎博士によれば、バラモンジンとは本来はヒガンバナ科のキンバイザサのことであるそうで、トラゴポゴン属の植物にどうしてこの名を付けたのかよく解らないという。

トラゴポゴン属とは「山羊（やぎ）の髭（ひげ）」という意味で、種子に白く長い冠毛があることによる。数多くの種子が、その頭状花に付くため、タンポポ同様種子が熟すと冠毛のかたまりが毬（まり）状に広がる。タンポポのそれよりもさらに大きく、実に見事で、どちらかというとタンポポよりも美しい。ドライフラワーとして用いてみたいが、動かすと飛び散ってしまうので、まず、これは無理だろう。

バラモンギクによく似て、時に混同されるものにキクゴボウ（キバナバラモンジン）というのがあり、これは別属で学名をスコルツォネラ・ヒスパニカ（*Scorzonera hispanica*）と云い、バラモンギクより草丈が高く伸びるようだ。その根は太く長く、バラモンジン同様に食べられ、葉はサラダにもするという。

多摩湖沿線のものは、たぶんバラモンギクの方だと思うが、ひょっとすると、このキクゴボウかもしれない。一度、詳しく調べてみる必要がありそうだ。

いずれにしても、わが国で野生化しているのを見たのは多摩湖沿線のみで、他では見かけたことがない。他地で野生化しているところがあれば教えていただきたい。そしてなぜ、この沿線で野生化しているのか、それも知りたいところだ。

地中海地方の春は野生の花々で埋めつくされる。三月から四月へかけて、この地方を旅すると、数多い古代遺跡の周辺にも野生の花が咲き乱れる。この時季に行けば、遺跡とワイルドフラワーが同時に見られて素晴らしい旅ができる。

ギリシャのアテネには有名なパルテノン神殿があり、多くの観光客が訪れる。この神殿の建つアクロポリスの丘にはいろいろなワイルドフラワーが咲く。神殿の奥の一角にバラモンジンの紫色の花がよく咲くところがある。その花を前景に、そそり立つ神殿の石柱を写真に収めてみるのもよいだろう。アテネには黄花のバラモンギクより、バラモンジンの方をよく見かける。アテネ植物園でも多く見かけたが、ここのものはバラモンジンとは少し異なるそうだ。しかし、云われてみなければ解らないほどの違いだ。

ギリシャの南東、地中海に浮かぶクレタ島も特有の植物の多いところで、学名にクレティカ（*cretica*）とかクレティクス（*creticus*）と名付けられたものが多い。この島のバラモンジンは黄花のバラモンギクが多く、野生グラジオラスの一種で紫色の花を咲かせるイタリクス（*Gladiolus italicus*）の群生に混じって咲くバラモンギクの黄色い花が、大変印象的で忘れられない。

ジシバリ

Ixeris stolonifera

　春の野辺には、タンポポに似た黄色い花を咲かせるものがかなりある。タビラコ、オニタビラコ、ハルノノゲシ、ニガナ、ハナニガナなどいろいろとあるが、ジシバリもその一つだ。畑や路傍に、長く細い茎を地を這うようにして茂らせ、タンポポの花を小さくしたような一重咲きの黄色花を咲かせる。春の陽を受けて咲くその姿は何とも愛くるしい。

　地面を這いながら伸びる茎の節々から根を下ろし、しっかりと大地をつかむようにして茂る様子が、地を縛るようだからというので、この名が付けられた。種名のストロニフェラ（*stolonifera*）という学名も「這う枝を持つ」という意味で、その形態から付けられた名だ。花も可憐だが、その葉も小型の丸っこい形で可愛らしい。

　畑や道端の他、砂利道や石垣の間など岩場のようなところにもよく生えるので、イワニガナの別名もある。

　このジシバリによく似ていて、よく混同されるものにオオジシバリというのがある。同属の近縁種で、ジシバリより大柄で花も大きく見映えがする。丸っこいジシバリの葉とは異なり、こちらの方の葉はより細長く、葉の辺りに浅い欠刻があるので容易に区別がつく。また、ジシバリは水はけのよいところによく生えるが、オオジシバリの方は田圃の畦や小川の縁など、湿り気の多

和名：ジシバリ
科名：キク科
属名：ニガナ属
別名：イワニガナ
生態：多年草
学名：*Ixeris stolonifera*

いところへ生えるのも違いの一つ。ジシバリより花茎はやや太く、より伸びて花付きも多い。
両種ともに茎葉を切ると白い乳液が出るが、オオジシバリの方は昔から健胃に効き目があると云われ、薬草の一つとしても用いられてきた。ジシバリの方は、そのような薬効があるかどうかはよく解らない。

オオジシバリの種名デビリス（*debilis*）には「弱々しい」という意味がある。大柄なのになぜ弱々しいのか、ちょっと不思議にも思うが、花茎が長く花も大きく、ゆらゆらと風に揺らめく姿を見ると、何となくその意味が納得できる。

ジシバリによく似たものには、この他ハマニガナというのがある。海岸の砂浜に多く、這い回る茎にジシバリによく似た花を咲かせていれば、このハマニガナと思ってよい。ただし、葉には切れ込みがあるのでジシバリとは違うことがすぐ解る。（ニガナの項参照）

別名だがジシバリと同名の植物が、まったく関係のないイネ科の植物に一種ある。本名はツルヨシ。大型のアシに似た植物で、河原や渓流沿いに群生する。分類学上ではアシと同属のフラグミテス属（*Phragmites*）の植物である。ツルヨシとは「蔓蘆」の意で、地面を蔓のように匍匐枝が這い回って茂るので、この名が付けられた。

ヨシの名はごく一般的だが、本当はヨシではなくアシであるという。古くはイネ科植物の茎を稈と云うが、このハシという古名がアシに転訛したもののようだ。そして、これがさらにアシの名になったらしいが、アシが「悪し」に通ずるというので、その反対語である「良し」と云うようになったという。植物名には、このような忌み言葉の反対語を用いる例が他にもある。梨の実を「無しの実」だからと「有りの実」というのも、その一つである。また、早春に咲く花木のマンサクは、黄色い花が群がり咲く様子を「豊年満作」に掛けて付けられたという説がもっぱらだが、その細いひねくれた花弁が不作の年に多く出る稲の不稔実「粃（しいな）」みたいだというので、地方によってはシイナバナの別名があり、これは不吉だというので、その反対語の「満（万）作」と名付けられたという説もある。これも、わが国が「言霊（ことだま）の国」と云われることの所以だろうか。

閑話休題。ジシバリから、かなり遠ざかった話になってしまったが、本物のジシバリはごく身近な草で、畑などに入り込んでくることも多い。這い回る匍匐枝の節々から、しっかりと根を張ってしまうので、抜き取ろうとすると、どこが本当の株元だか解らなくなってしまう。抜き取ったつもりでも、匍匐枝がぷっつりと切れて株元が残ってしまうことがよくある。草取り仕事では少々厄介な草の一つだ。

草取りは、農作業の中では、面倒で、意外に骨が折れ、誰もが嫌がる仕事だが、私にとってはもう一つ嫌なことがある。それは、精いっぱい生きている草を抜き取らねばならぬ辛さだ。

ノミノツヅリ

Arenaria serpyllifolia

蚤（のみ）という言葉は、小さいものの代名詞としてよく使われる。奥さんの方が大きく、旦那の方が小さい夫婦のことを、よく「蚤の夫婦」と云うが、確かに蚤の場合、雌よりも雄の方がかなり小さい。これは雌雄間の大小を蚤に喩えた言葉だが、植物名にも蚤の名を冠したものが二種ほどある。その一つがノミノツヅリだ。

ナデシコ科の越年生一年草で、全国の空地や道端、時には畑にも生える、ごく普通に見られる雑草の一つ。やはりよく見かけるミミナグサにちょっと見が似ているが、葉はより小さく、花も小さい。蚤と名付けられた所以である。ツヅリとは綴り、すなわち綴り合わせた着物のことで、直訳すれば「蚤がまとうような粗末な着物」ということになる。少々気の毒な名前だ。

春から初夏へかけて、株元で分枝した細い茎がやや地を這うようにして広がり、茎先に次々と咲く小さな白い花は、目立ちはしないが、一輪一輪よく見ると大変整った形をしている。純白の花びらが五枚星形に開き、その間に先の尖った、花びらよりもやや長い蕚（がく）が覗く。きれいなシンメトリーの花だ。

ノミノツヅリと名前が似ているために、よく間違えられるものにノミノフスマというのがある。同じくナデシコ科の越年草で、ノミノツヅリにちょっと似ているが、別属のハコベ属の植物だ。

ノミノツヅリ
Arenaria serpyllifolia

109

和名：ノミノツヅリ
科名：ナデシコ科
属名：ノミノツヅリ属
生態：越年生１年草
学名：*Arenaria serpyllifolia*

やはり小さな白い花だが、五弁の花びらは一弁一弁深く切れ込む違いがある（ノミノツヅリは切れ込まない）。葉もノミノツヅリ同様小さいが、やや細長い。ノミノツヅリは蚤の着物だが、こちらは「蚤の衾（ふすま）」、すなわち蚤の布団というわけだ。両者とも少々気の毒な名前であるが、蚤の着物、蚤の布団というと、何か微笑ましい気もする。

ノミノツヅリ属（アレナリア *Arenaria*）には、このノミノツヅリの他、高山帯に居を定めたチョウカイフスマ（メアカンフスマ）やカトウハコベなどの高山性植物があり、雑草扱いにされるノミノツヅリとは違って、山野草愛好家の間で珍重されている。

近頃、ガーデニングが流行るとともに、花鉢などにいろいろな花を寄せ植えにして楽しむ、コンテナガーデンが盛んになってきた。そのため、寄せ植え向きの草花がバラエティー多く出回るようになったが、その一つにアレナリア・モンタナ（*Arenaria montana*）というのがある。コンパクトに、密に茂る株に径一センチメートルぐらいの真っ白な花をたくさん咲かせて、なかなか美しい。これは南フランスからイベリア半島へかけての山岳地生れの種類だが、ノミノツヅリの仲間とは思えぬほどの華やかさがある。野生のものはやや細弁であるが、園芸種は丸弁で花付きもよい。一年草のノミノツヅリとは違い、こちらの方は多年草であるが、夏の暑さに弱く、北海道のように夏涼しいところでないと花後枯れやすく、春に咲くその花は意外に短期間で終ってしまう。寄せ植えにしても、それほど長く花が楽しめないのが、ちょっと残念だ。

ノミノツヅリ属の学名アレナリアは「砂」という意味で、ノミノツヅリはそうではないが、同属のものには砂礫地に生えるものが多いので、この学名が付けられたものと思う。英名でもサンドウォート（Sandwart）、「砂の草」という。

種学名のセルピルリフォリア（*serpyllifolia*）は、「イブキジャコウソウのような葉」という意味で、ジャコウソウ類は、いずれも、それこそ蚤のような小さな花を付ける。イブキジャコウソウは、ハーブの一種タイムの仲間で、さしずめ〝ジャパニーズ・タイム〟というところ。タイム同様、よい香りがする。

早春、オオイヌノフグリの空色の花、ホトケノザの赤紫色の花、ホウコグサの黄色い花などカラフルな野の花が咲き始めると、それらに混じって隠れるように、ひっそりとノミノツヅリの白い小さな花も咲きだす。注意して見ないと見落としてしまいがちな花だが、しゃがみこんでルーペで覗いてみると、星形に突き出る薄緑色の萼と、純白な、これまた星形の花とのコントラストが絶妙で、自然が生み出す見事な美しさに、思わず感動させられてしまう。

ツメクサ

Sagina japonica

庭の草取りをしていると、株元から数多くの茎を伸ばし、先の尖った小さい線状の葉を出して茂る小型の草をよく見かける。よく見ると、その先にごく小さい白い花を咲かせている。時には花が付いていても気付かぬことがあるほど小さい花である。これがツメクサと呼ばれるナデシコ科の越年草で、日本全国どこにでも見られる、ごく普通の雑草の一つ。

ツメクサの名は、クローバー（シロツメクサ）の別名としても知られるが、この場合のツメクサは「詰め草」の意で、ここで紹介するツメクサは「爪草」と書き、同じツメでも意味がまったく違う。また、植物学的にもシロツメクサはマメ科の植物で、ツメクサとはまったく無関係である。葉が細く尖っていて鳥の爪のようだから、と付けられたものだ。

属名の *Sagina* は、調べてみたら「肥満」という意味だそうだ。なぜ、このような意味の名が付けられたのか、実物を見ると、肥満どころか大変スリムで華奢な草である。その理由を知りたいものだ。

この肥満属（?）の植物は、わが国に何種類かある。各地の海岸に行くと、岩場などにハマツメクサというのがある。ツメクサによく似ているが、茎葉は海浜性植物らしく、やや多肉質。五枚の花びらを持つが、時に無弁の花もある。花びらの存在価値が薄いのだろうか。ツメクサとの

和名：ツメクサ
科名：ナデシコ科
属名：ツメクサ属
別名：タカノツメ
生態：越年生１年草
学名：*Sagina japonica*

違いの一つは、ツメクサは種子に小さい突起があるが、ハマツメクサの方にはこれがないことだ。これなどはルーペなどを用いて細かく観察してみないと解らない。

もう一つ、北海道などの北地で見られるものにアライトツメクサというのがある。アライトとは、千島列島の阿頼度島のことで、同地で初めて見いだされたものだろうか。しかし、元々はユーラシア大陸からの帰化植物のようだ。ハマツメクサによく似て、時に無弁花があり、種子にはやはり突起物がなく、こちらの方は海岸ではなく内陸部の道端や荒れ地に多い。

同じナデシコ科だが、ツメクサ属以外のものにもツメクサの名が付けられたものが時々ある。北海道でよく見かけるナガバツメクサはハコベ属のもので、繊細な茎を立てて、その先にあらく白色小花を綴る。茎は線状で、ツメクサに似てやや長いのでナガバツメクサと名付けられているが、花びらにはハコベ属特有の深い切れ込みがあるので、ツメクサの仲間ではないことが解る。北海道には、この他エゾイワツメクサやオオイワツメクサという高山性のものがある。葉はツメクサに似ているが、この二種ともナガバツメクサ同様にハコベ属の一員だ。

これ以外にも、別属のミヌアルティア属（*Minuartia*）に、ツメクサの名を冠したものが多い。タカネツメクサやエゾミヤマツメクサ、ホソバツメクサ、コバノツメクサなどがあるが、これらはいずれも高山性である。高山でツメクサに似たものがあれば、まず別属のものと思ってよい。

さらにもう一つ、これまた別属のスペルグラ属（*Spergula*）のものにノハラツメクサというのもある。葉が節々に輪状に付くのが他種とはちょっと違う。これはヨーロッパからの帰化植物と云われ、北海道に多い。

いずれにしても、これらはナデシコ科の近縁のグループで、別属であっても、ツメクサ状の葉の付くものには皆ツメクサの名を付けてしまったようだ。ツメクサの名が付いているからといって、単純にツメクサの仲間と思うのは間違いということになる。

ツメクサは全国に分布しているが、その生えているところを見ると、踏み固められた道端や庭などにひっそりと生えていることが多い。日向にも見られるが、生い茂る草の下にも生える。何か物陰に隠れているようでいじらしい。かなりの日陰地にも生え、びっしりと苔が生えているところに、苔の中から背伸びをしているように生えているのもしばしば見かける。小型でスリムなため、始末に悪い雑草ではないし、気を付けていないと、その存在が解らないほどだが、苔庭などでは意外に目立って抜き取らねばならなくなる。小型で根張りも浅いので、簡単に抜き取れるが、数多く生えていると、意外に根気仕事となる。私の世話になっている寺の境内にも、苔が広がっているところによく生える。それこそ蚤（のみ）のように小さな白い花を咲かせているのを見ると、引き抜くのがちょっと可哀相な気もするし、弱いものいじめをしているような感覚にもとらわれる。

ムシトリナデシコ

Silene armeria

桜の花が盛りを過ぎる頃、先の方で枝分かれする四〇〜五〇センチメートルぐらいの茎を伸ばし、その先々に紅桃色の桜の花形によく似た小花を、傘形に咲かせる草をあちこちで見かけるところによっては、野生ではなく、わざわざ植えて花を楽しんでいる家もある。

このムシトリナデシコ、元々わが国の植物ではなく生れはヨーロッパで、江戸時代末期にやってきて居つき、初めは観賞用として植えられていたものが逃げ出して、全国に野生化した帰化植物の一つだ。このように帰化植物の中には、花が美しく、在来植物との競合が少ないため、はびこっても悪玉扱いにされないものが時々ある。代表的なのがムラサキハナナだろうが、このムシトリナデシコもその一つと云えよう。

葉は幅広の披針形（ひしんけい）（平たく細長い先の尖った笹の葉のような形）で、茎葉ともに白緑色で少々つるつるした感じがする。

この植物、茎の節々の下に粘液を出してべたべたとする部分があって、ここに時々小さな虫がくっつくことがあるため、ムシトリナデシコの名があるが、食虫植物としては扱われていない。虫がくっついていても、これを消化栄養源にはしていないようだ。何のためにこの粘液が出るのか解らない。食虫植物ではなく、名のように捕虫植物というところだろうか。英名はスウィー

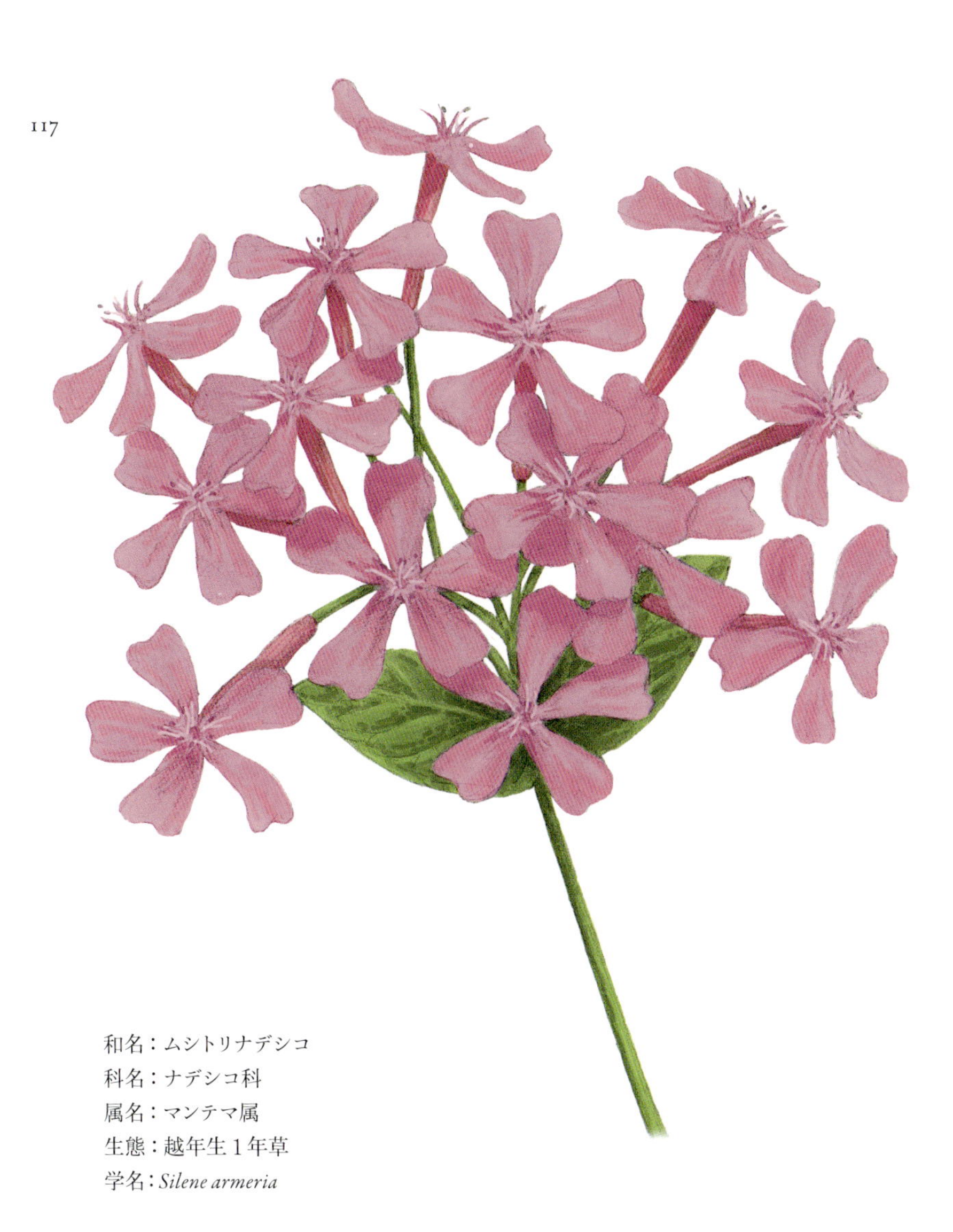

和名：ムシトリナデシコ
科名：ナデシコ科
属名：マンテマ属
生態：越年生１年草
学名：*Silene armeria*

ト・ウィリアム・キャッチフライ（Sweet William catchfly）という。スウィート・ウイリアムとはナデシコの一種ヒゲナデシコのことで、その花房がヒゲナデシコに似ているから。キャッチフライは蠅（はえ）取りの意であるから、邦訳すれば〝ハエトリナデシコ〟ということになる。

ムシトリナデシコの一属はマンテマ属（*Silene*）と云い、非常に多くの種類がある。この仲間には、やはりヨーロッパ原産で江戸時代に渡来したものに、属名そのままのマンテマというのがある。これも観賞用に植えられていたのが野生化したもので、なかなか洒落た色合いの花を咲かせる。細かい毛の生える茎を立て、穂状に咲く白い縁取りのある紅色の小花が大変愛らしい。

私がこの花を初めて見たのは、わが国ではなく、ニュージーランドであった。北島の西、ニュープリマスの海岸の植物を見て歩いていたときに、この可憐な花が砂丘に群がって咲いているのを見たのである。ニュージーランドは海外からの植物がすぐに野生化する帰化植物の天国とでも云いたいところだが、このマンテマもその一員で、同国の海岸地帯でよく見かける。

もう一カ所、この花について深い印象が残っているところがある。トルコはワイルドフラワーの宝庫で、四月から五月へかけては、いろいろな野生の花が咲き乱れる。ある年の五月、黒海沿岸を訪れた折りのことだった。砂浜の疎林の向うに、何かピンク色の花がカーペットを敷きつめたように咲いている。何だろうと近寄ってみると、マンテマの大群落であった。花色の濃いもの淡いもの、それらが入り交じって咲く光景はいまもって忘れられない。

このマンテマ、わが国でも海岸地帯に多いが、どうやら海辺が好きなようである。

ヨーロッパ一帯にも、マンテマ属の種類が多いが、その中で最も美しいのがシレネ・ディオイカ種（*Silene dioica*）だ。ヨーロッパ一帯広域に分布しているが、アルプスの山麓地帯などには、その桃紅色の花が一面に咲き乱れていることが多い。六月から七月へかけて、スイスのサンモリッツからツェルマットを結ぶ氷河特急に乗る旅は、車窓から見る野生の花々に時間が経つのを忘れるほどだが、中でも印象に残ったのがディオイカ種の大群落であった。グリンデルワルト近くの牧草地に、空色のワスルナグサの群落の中に桃紅色のディオイカ種が入り交じって咲く美しさは忘れがたい。その配色の妙、自然とは何と素晴らしい演出家だろう。

マンテマ属では、ヨーロッパ産でわが国に野生化したものには、ムシトリナデシコやマンテマの他、白花のホザキマンテマ、マツヨイセンノウ、シラタマソウなどがあるが、わが国在来のエゾマンテマ、チシママンテマ、フシグロ、ビランジなど数種があり、いずれも白い花を咲かせる。

わが農園や隣接する寺の墓地にも、五月に入るとあちこちにムシトリナデシコの花が咲く。種子がこぼれ散って雑草的に生えてくるが、花美しきがゆえに、私のところはもちろん、墓参りに訪れる人々も取らずに置く。そのためか、年々殖えてくるようだ。やはり美人は得というところ。幸せな雑草である。

カキドオシ

Glechoma hederacea subsp. grandis

カキドオシとは「垣通し」の意で、地を這うように長く伸びる蔓（つる）が垣根をくぐって隣の家まで行ってしまう、というところから付けられた名だ。

わが国各地に分布していて、林側などの半陰地によく生えるが、果樹園の下草や庭などにも生えてくるし、畑に入り込むこともある。四～五月の頃、立ち上がる茎の葉腋（ようえき）に薄紫色の可愛い唇形花を咲かせる。この花をよく見ると、下方に開く唇弁には、赤紫の斑点が散りばめられていて、よきアクセントとなっている。花が咲き終る頃から何本もの蔓を出し、地を這いながらとめどもなく伸びてゆく。地を這う蔓の節々から根を下ろし、広範囲に広がるので、畑などに入り込むと少々始末に負えなくなる。節ごとに対生して浅い切れ込みのある腎臓形の葉を付け、葉面には産毛のような微毛があるために、ソフトな感じだ。漢名を「馬蹄草（ばていそう）」というが、この葉型から付けられた名であろうか。別に「連銭草（れんせんそう）」とも呼ぶことがある。丸い葉が銅銭を連ねたようだからとされ、そう云われると、なるほどと思うが、これは誤りで、よく似た別の植物のことであるという。江戸時代の本草学者として有名な小野蘭山（一七二九～一八一〇）は、中国の本草書に出てくる植物名を、わが国の植物にかなり無理をして当てはめたようで、その結果、間違っているものが結構多いらしい。中でも、ジャガイモを馬鈴薯（ばれいしょ）としたのも、小野蘭山が犯した間違いとして

和名：カキドオシ　別名：カントリソウ
科名：シソ科　生態：多年草
属名：カキドオシ属　学名：*Glechoma hederacea subsp. grandis*

有名な話だ。カキドオシを連銭草としたのも、どうやら蘭山先生らしい。もっとも、わが国でも美濃地方では、この草を「銭草（ぜにくさ）」と呼ぶそうだから、連銭草としたのも無理からぬことかもしれない。

さて、このカキドオシ、名称の上で少々厄介な点があるが、カントリソウという別名もある。そう云われても何のことか解りかねるが、漢字で書けばその意味が解ろう。「疳取草」と書く。実はこの草、昔から薬草として扱われていた植物で、子供の疳によく効くところから付けられた名だ。この他、いろいろな薬効があるようで、乾かしたものを煎じて茶代りに飲むと、糖尿病や腎臓病に効果が大きいとされているし、虚弱体質の子供の体質改善にもよいと云う。これ以外にも、腎臓結石や膀胱結石にも効くと云われ、外用薬として打ち身、腫れ物にその汁を塗布することもあるという。薬草には、このような多面的な効果のあるものがよくあるが、このカキドオシもその一つと云えるだろう。

カキドオシは、わが国や中国に野生するだけでなく、ヨーロッパ一帯にも分布していて、向うでもハーブの一種として薬用に用いられているというから、古今東西、重要な薬草の一つというわけだ。

種名のヘデラケア（*hederacea*）は「キヅタのような」という意味で、ツタのように蔓状に伸びて、葉も（ツタとは大分違うが）何となくツタっぽい感じがあるために付けられたものと思う。ヘデラケアという種名は、いろいろな植物にあるが、多くは葉の形状がキヅタの葉によく似ているものに付けられている。

カキドオシの花は四〜五月に咲くが、花期が短いためか、その花に気づくことが案外少ない。存在を知るのは、たいてい花後、蔓が伸び出してからである。このように、花が終ると蔓を伸ばし、地を這うように茂る近縁の種類で、花がよく目立つラショウモンカズラという奇怪な名を付けられた草がある。こちらの方は山地の森林下を住処（すみか）にし、以前はカキドオシと同属として扱われていたが、その後ラショウモンカズラ属（メエハニア *Meehania*）という独立した属に移籍したもので、カキドオシとはかなり近縁の植物と云えよう。花はカキドオシより大きく、花筒も太く、微毛が生えている。そして、このラショウモンカズラの名は、渡辺綱（わたなべのつな）が羅生門で斬り落とした鬼女の腕に見立てて付けられたものという。ずいぶんと穿（うが）った名の付けようだ。蔓茎もカキドオシ同様に角張っていて、茎葉に特殊な匂いがあるのもよく似ている。ただし、こちらの方は薬草としては扱われていないらしい。

カキドオシは庭や畑に生えると、やたらとはびこって始末に悪い雑草と化す。節々から根を下ろすため、抜き取るのに手間がかかるし、茎葉の匂いもよくない。ところが、時々葉縁が白くなる斑（ふ）入り葉のものがあり、濃いめの緑と白の斑のコントラストが美しく、清々しさを感じさせる。園芸的にも取り上げられていて、ロックガーデンやカバープランツとしても利用されるなど、その薬効とともに捨てたものではない。

キランソウ

Ajuga decumbens

春早く、雑木林を散策していると、足下にちょっと艶のある濃緑色の葉を地面にへばりつくように茂らせて、可愛い紫色の唇形花を覗かせている草をよく見かける。雑木林だけではなく土手や石垣など、かなり広範囲に生える草の一つで、その名をキランソウと云い、ジゴクノカマノフタという奇妙な別名を付けられた植物だ。キランソウの語源については、調べてみたがよく解らない。別にイシャゴロシ（医者殺し）の名があるように、昔から薬草として扱われ、毒蛇や蜂、ムカデなどの毒虫に咬(か)まれたときに、葉を揉(も)んで付けるとよく効くと云われ、その他気管支炎にも用いるなど、かなり多面的な薬効があるようで、そんなところから付けられた名前らしい。医者殺し、医者不要(いらず)という意味の名は、アロエやゲンノショウコなど、多面的な薬効のある植物の俗称としてしばしば登場する。

キランソウの属するキランソウ属（アジュガ *Ajuga*）には、わが国にもニシキゴロモ、ヒメキランソウ、カイジンドウなどいろいろな種類があるが、その中でジゴクノカマノフタとは裏腹にジュウニヒトエという大変優雅な名前を付けられた種類がある。住処(すみか)はキランソウと同様、雑木林の下や土手などによく生えている。葉はキランソウに似ているが、全体に白い柔毛が生えているため、柔らかい感じがする。キランソウの花は葉の間からひっそりと覗くようにして咲くが、

和名：キランソウ
科名：シソ科
属名：キランソウ属
生態：多年草
別名：ジゴクノカマノフタ、イシャゴロシ
学名：*Ajuga decumbens*

ジュウニヒトエの方は茎上に白っぽい薄紫色の花を穂状に密生させて咲かせるので、よく目立つ。花が幾重にも重なって咲く姿を、女官の正装である十二単に見立てて名を付けられた幸せな草である。

近頃、ガーデニング・ブームとともに、庭木などの下草にカバープランツというのがはやっている。その一つにセイヨウジュウニヒトエというのがあり、属名のアジュガという名で売られていることが多いが、単にジュウニヒトエの名で扱われていることもある。しかし、これらはわが国のジュウニヒトエとは別種のヨーロッパ産のアジュガ・レプタンス（*Ajuga reptans*）を園芸化したもので、幾つかの園芸品種がある。野生のものは、アルプス地方を山歩きしているとよく見かけ、やや光沢のある緑色の葉を広げ、ジュウニヒトエと同じように穂状に花を咲かせる。青紫色花のことが多いが、桃色花や稀に白色花のものもあって、ジュウニヒトエより見映えがして美しい。

最近、よく使われるのはレプタンスの変種で、赤紫色葉のアトロプルプレア種（*Ajuga reptans atropurpurea*）。花とともに葉が美しく、下草の彩りとして効果的だ。性質も原種同様に強く、匐枝を出してよく茂る。この他、緑と赤紫とクリーム色の三色葉が入り交じる、その名もマルチカラーという変種や緑色地にクリーム色や白色の斑入り葉種もある。ただし、この斑入り葉種は、原種やアトロプルプレア種に較べると性質がやや弱く、日向に植えるとかなり弱る。

アルプス地方のやや高度の高いところでしばしば見る種類に、ピラミダリス種（*Ajuga pyramidalis*）というのがある。花穂がちょっと変っていて、大きい苞が重なり合うように付き、花は苞に隠れるようにして咲く。花穂は円錐状で、そのスタイルがピラミッドを思わせるので、この名が付けられたものだろう。山麓帯にはレプタンス種が多く、海抜一〇〇〇メートルを超えるとピラミダリス種に変って、ちゃんと住み分けている。

さて、話を元へ返してジゴクノカマノフタに戻ろう。中学生の頃、博物会なる今で云う部活の一員として仲間とともによく採集旅行に出かけた。どこへ出かけた折りであったか、植物採集をしていた友達が地べたに這いつくばり、小さな青紫色の花を咲かせる草を見つけて、同行の博物の先生に、

「これ、何という植物ですか?」

と問うたところ、先生、ただ一言、

「ジゴクノカマノフタ……」

その友達もびっくりした顔つきをしていたが、そばにいた私も、その奇怪な名前に驚いてしまった。あまりにも奇妙な名前なので、その頃は昆虫採集に夢中であった私も、いっぺんにその名前を覚えてしまった。

地面をふさぐように茂るので、地獄の入り口に蓋(ふた)をしたようだ、というのが語源かと思っていたが、地獄の釜の蓋をふさいで病人が入るのを追い返すという意味らしい。これも、薬草としてよく効くというところから付けられたようだ。

キウリグサ

Trigonotis peduncularis

植物の名前には、その形や性質から付けられたものが結構多いが、植物の形質ずばりの名が付けられたものは大変覚えやすい。キウリグサもその一つだ。

誰に教わったのか忘れてしまったが、

「この葉っぱ、揉(も)んで匂いを嗅いでごらん。キウリの匂いがするよ」と云われて、その通りやってみて匂いを嗅いでみたら、本当にキウリの匂いがする。

「へえ、本当だ……」

まさにその匂い、キウリにそっくりだ。

植物学的にはキウリとはまったく縁のない植物だが、どうして同じような匂いがするのだろう。キウリの匂いを出す同じような遺伝子を持っているのだろうか。その匂いの物質も同じなのだろうか。キウリグサを見るたびに、そのことが頭を過(よ)ぎる。

このキウリグサ、わが国各地どこにでも見られる雑草扱いの植物だが、よく見ると、その花は春花壇用草花としてなじみ深いワスルナグサ（ワスレナグサとも）によく似ている。それもそのはず、グループは違うが、同じムラサキ科の越年生一年草で、タビラコ属（またはキウリグサ属：トリゴノティス *Trigonotis*）に属している。

和名：キウリグサ
科名：ムラサキ科
属名：タビラコ属
生態：越年生１年草
学名：*Trigonotis peduncularis*

さて、ここで厄介なのはタビラコ属という属名で、本当のタビラコとは春の七草の一つホトケノザのことで、これはキク科の植物だ。それがなぜ、このムラサキ科のキウリグサ一属の属名になってしまったのか。実は、これには理由（わけ）がある。かつてこのキウリグサを、春の七草のタビラコ（ホトケノザ）と誤って分類したことがあるらしい。ここから、この一属の和名をタビラコ属としてしまったようだ。科学の上では正確を期すことが大切だろうに、植物学者がどうしてこんな属名を付けてしまったのか理解しがたい。七草のホトケノザはキク科のタビラコ、植物学上のホトケノザはシソ科の植物。そしてタビラコ属はムラサキ科。こうなると、一般の人にとっては頭が混乱して、わけが分からなくなってしまう。

　ところで、このキウリグサ、葉はやや長い卵円形で微毛が生え、柔らかい感じがする。桜の季節が終る頃から、二〇センチメートル前後の茎を伸ばして、その先にごく小さい薄紫色の花を次々と穂状に咲かせる。そして花穂の先の方はサソリの尾のようにくるりと曲り、その曲がり角に花を開く。咲き終ると、花穂はまっすぐになり、小さな果実をつけてゆく。巻き締ったゼンマイが、戻りながら花を咲かせるという感じだ。ムラサキ科の植物には、このような花穂を付けるものがよくある。これとはまったく違うが、食虫植物のモウセンゴケ類の花穂も同じようで、曲がり角に花を咲かせるものが多い。

　タビラコ属（気になる属名だが…）には、このキウリグサの他にも幾つかの種類がある。ミズタビラコ（これもタビラコの名が付いている）は、山の川沿いなどの水湿地を住処（すみか）にし、夏の頃にキウリグサに似た小さな淡青色の花を咲かせ、やはりサソリの尾のような花穂を伸ばす。これと同様に、山の渓流沿いなどで見かけるタチカメバソウも、このグループの一員だ。晩春から初夏へかけて三〇センチメートルほどの茎を立て、青みを帯びる径一センチメートルぐらいの花を咲かせるが、花穂の先はそれほど曲らない。葉は軟質で亀甲形をした大きめの葉で、渓谷の岩場などに立ち上って咲くその姿は、なかなか優雅で美しい。タチカメバソウは「立亀葉草」の意で、亀甲形の葉で茎立って咲く姿から名付けられたものだ。この他、花後に茎が蔓（つる）状に長く伸びて地に這い、イチゴのランナーのように子苗を生ずるツルカメバソウというのもある。

キウリグサは葉にキウリの匂いがするが、匂いだけでなく葉を食べるとキウリの味がするという植物もある。ハーブの一種として扱われているサラダ・バーネット（オランダワレモコウ）がそれで、こちらはバラ科の植物だが、やはり同じような匂いの成分があるのだろうか。キウリの匂いといっても、本物のキウリを食べているときにはそれほど意識しないものだ。特にハウス物では、なおさらだ。ところが、キウリグサの葉の匂いを嗅ぐと、「ああ、キウリの匂い」と強く感じてしまうのが面白い。

キウリグサも、葉を刻んでサラダにしたらどうだろうか。別に有毒植物ではないようだし、一度試してみようと思うが、まだ果たしていない。

藤棚に花が垂れ下がる頃になると、そろそろ春もたけなわ、その頃から庭や畑にこのキウリグサがはびこりだす。それほど邪魔になる草ではないが、花壇や畑に生えると抜き取ることになる。もう少し見映えがする花なら、抜かれずに済むことだろうに……。

トウダイグサ

Euphorbia helioscopia

分類学の上で、何々科というのがある。バラ科、マメ科、キク科、ラン科などは一般の人たちにも聞き覚えのある科名だが、トウダイグサ科というと解らない人が多いようだ。種類が少ないのかというと、大変たくさんの種類があるし、なかなかお目にかかれないのかというと、そうでもない。この科の右代表とも云えるのがトウダイグサだ。

北海道を除く各地の土手や道端などあちこちに野生しているが、地味な花で目立たないためか、気づく人が少ないことも、あまり知られていない理由の一つであろう。

春の訪れとともに、株元より何本もの茎を出して伸び始め、その先に丸みを帯びた葉を五枚ほど輪生し、そこからさらに枝分かれして苞葉（ほうよう）という皿に載せられたような無弁の小花を付ける。その様子が昔、灯を受ける台を思わせるところから「灯台草」と名付けられたもので、岬に立つ灯台のことではない。この花は、他の草の花とはかなり変っていて、数箇の雄花と一つの雌花で一輪の花を作るが、これが枝分かれしたそれぞれの頂きに三輪ずつ付くために、全体の花房が一輪の花にも見えるという風変わりな花だ。これがトウダイグサ属（ユーフォルビア *Euphorbia*）の花の特徴と云える。このような花の付き方を杯状花序と云う。苞葉が黄緑色で、雄花の葯（やく）が黄色なので花序全体が黄色っぽく見える。雌花は結実すると丸い球果となり、これが鈴のようだと

和名：トウダイグサ
科名：トウダイグサ科
属名：トウダイグサ属
生態：越年生１年草
別名：スズフリバナ
学名：*Euphorbia helioscopia*

いうところからスズフリバナの別名がある。

わが国には、このトウダイグサ属の植物がいろいろとある。川べりや湿地などに群生するノウルシは、葉は長い楕円形で色濃く、花の付く苞葉が黄色いので、花が咲くとよく目立つ。雌花の球状の子房には疣(いぼ)状の突起があるのも特徴の一つ。これも春が花時だが、夏咲きで丈高く六〇〜七〇センチメートルほどに直立する茎を立てる、その名もタカトウダイという種類は、山野でよく見かける。また、実際には春咲きなのに、なぜかナツトウダイと名付けられている種類もある。このナツトウダイの花は、ちょっと変っている。雄花、雌花を受ける苞葉が三日月形をしていて、ちょうど牛が角を突き出しているような形だ。そしてこの角の先が赤いため、枝先に赤い小花が付いているように見える。

この他、暖地海岸の岩場で早春に咲くイワダイゲキや、ヨーロッパからの帰化植物で、北海道などの北地に野生化している、松葉状のマツバトウダイというのもある。これはヨーロッパの山地で最も多く見かける種類だ。

トウダイグサ属の植物は海外にも多くの種類があり、この中には園芸化されてなじみ深いものが幾つかある。

クリスマスの花というと、まず大きな苞葉が真っ赤に色づくポインセチアがその代表だろう。このポインセチアもトウダイグサ属の植物で、生れ故郷はメキシコ。日本名を、その苞葉の赤さからショウジョウボク（猩々木）と云い、これは草ではなく「ボク」の名が付くように樹木で、熱帯へ行くと庭木として植えられていることが多い。

このショウジョウボクによく似た名前のものに、同じトウダイグサ属のショウジョウソウ（猩々草）というのがある。これは名のように草で、春播きの一年草として夏・秋花壇用草花として用いられるが、小さな苞葉が赤く色づく。ただし、ポインセチアのような派手さはない。生れはブラジルだが、熱帯各地に野生化していることが多い。この仲間で、同じように春播き一年草として、花壇などに植えて楽しまれるものに北アメリカ原産のハツユキソウというのがある。上部の葉や苞葉が白く縁取られ、遠目には雪をかぶったように白く見えて大変美しい。

　トウダイグサ属の植物は、世界中に九〇〇種もあると云われる大一属で、アフリカ大陸にはサボテンのような多肉化した種類が多くあり、温室鉢花として売られているハナキリンもその一つだ。これはマダガスカル島生れで、花が美しい。カナリー諸島に多いカナリエンシス種（*Euphorbia canariensis*）などは、まさに柱サボテンの仲間と見間違えるが、咲く花を見るとトウダイグサ属であることが解る。この島々には、他にトウダイグサ形の大型種で、苞葉が赤紫色のアトロプルプレア（*Euphorbia atropurpurea*）という美しい種類もある。

　この一属の植物は、茎葉を切ると白い乳液を出すが、この乳液、なかなかの曲者で皮膚や粘膜に炎症を起す有毒成分を含むため、みだりに触ったり舐めたりしないことだ。血中にはいると痙攣（けいれん）を起したり、目眩（めまい）を起したりするそうだから、怪我をしたときには気を付ける必要がある。

ナガミノヒナゲシ

Papaver dubium

ここ数年前から、私の住む小平の町やその近郊で、道端や用水の土手などに、ヒナゲシの花を小さくしたような、サーモン色のケシの花をよく見かけるようになった。初めは栄養不良のヒナゲシかと思ったが、よく見ると葉の切れ込みがヒナゲシより深く、花後に稔る罌粟坊主が、ヒナゲシより細長い。明らかにヒナゲシとは別種のもので、ナガミノヒナゲシであることが解った。

このナガミノヒナゲシ、近頃は各地で野生しているが、元々はヨーロッパ生れで、たぶん戦後、それも比較的近年、入り込んで野生化したもののようだ。一時、ワイルドフラワーと称し、播きっ放しでもよく育って花を咲かせる草花の混合種子を、空地などに播くのが流行ったことがある。その中に、このナガミノヒナゲシが、他の花に混じって咲いているのを見た記憶があるが、どうもそれ以後、各地に広がったような気がする。

園芸種のヒナゲシは一度作ると、こぼれ種子でもよく生えてくるが、野生化しているのは見たことがない。急速に野生化してきたナガミノヒナゲシは、園芸化されたヒナゲシより、やはりワイルディッシュなのだろう。

ケシ属にはいろいろな種類があり、いずれも美しい花を咲かせ、園芸化されたものが多い。この一属のソムニフェルム種（*Euphorbia somniferum*）は和名をケシと云い、大輪の美花を咲かせる

和名：ナガミノヒナゲシ
科名：ケシ科
属名：ケシ属
生態：1年草
学名：*Papaver dubium*

が、モルヒネを含むため、阿片採取用として栽培されてきた種類だ。これを許可なく栽培すると、麻薬取締法違反で大麻同様、お縄になってしまう。ただし、同じケシ属でもヒナゲシやシベリアヒナゲシ（アイスランド・ポピー）、巨大輪花を咲かせるオニゲシ（オリエンタル・ポピー）はモルヒネを含まないので、栽培しても構わない。

栽培してもよいケシ、いけないケシ、ある点でこれは容易に区別がつく。小平の地へ越してきて間もなく、ある日、警察の人が数人やってきた。別に悪いことをした覚えはないし、はて、何の用だろうと思っていたら、作ってよいケシと悪いケシの区別を教えてほしいと云う。やれやれ、そんなことか、正直云って何となくホッとした感じ……。この区別は簡単で、茎葉に毛がなければ御禁制品、毛があれば栽培ＯＫというわけだ。

外国ではケシを栽培しても構わない国が稀にあって、時々園芸店などで、豪華な花を咲かせる、これの八重咲き品種のタネを絵袋詰めにして売っていることがある。お土産にと、知らずに買って帰る人が時々いるが、これは注意しなければいけない。

ナガミノヒナゲシはヨーロッパ一帯に広く野生しているが、これよりさらに多く群落的に野生しているのがヒナゲシである。ある年、イタリアを訪れたときのことだ。ローマの空港近くの上空、機上から下界を眺めていたら、至る所で大地が赤く染められている。はて、何の花を栽培しているのかと思っていたら、野生のヒナゲシの大群落であることが解って驚いた覚えがある。イタリアは特に多いが、地中海地方一帯、どこへ行ってもヒナゲシの群落に出会う。古代遺跡の周辺に多いのも、旅の楽しみの一つだ。

ヒナゲシで忘れられないのが、イスラエルへ花の旅をした折り、今ではパレスチナ領になっているようだが、死海北部西岸でヒナゲシの大群落に出会ったことだ。四十年に一度ぐらい、この死海周辺に野生の花々が咲き乱れることがあるそうだが、この年はそれに当たった年だそうで、それはまさにエデンの花園とでも譬えようかという素晴らしい景観であった。いろいろな野生の花々が咲く中で、そのメインとなっていたのが、このヒナゲシであった。塩分四〇パーセントという高濃度の塩湖の水べりにまでヒナゲシの赤い花が咲いている。そういえば、トルコの広大な塩湖、トゥズ湖畔にもこの花が咲いていた。どうやらヒナゲシは塩分に強いらしい。

江戸時代、武蔵野台地の一角に開拓された小平は、農家の生活用水として多摩川の水を引いた用水路が網の目のように通っている。今でもかなりの水路が残っていて、年に一度、自治会や生産組合の人々が集まって川さらいをする。去年も五月に皆で集まって用水路のゴミさらいと土手の草刈りに励んだ。すると、土手の一角にナガミノヒナゲシが今を盛りと咲いているではないか。以前は鎌で刈っていたが、近頃は草刈り機で刈るので仕事が速い。たちまちのうちにナガミノヒナゲシのところへ到達する。

「あっ！　あれ刈らずにおいてほしいがナ……」と思ってみていると、草刈りの人たち、しばし立ち止まって迷っていたが、結局、刈らずに残していった。

今年もまた、去年以上に土手を飾ってくれるだろう。

ニリンソウ

Anemone flaccida

わが国の都道府県、各市町村や区などで定められた樹木や花というのがある。その土地に多く植えられている種類、由緒のあるもの、時にはその土地には不向きなものでも、名前がよく知られていて市民投票で選ばれてしまったものもある。その中にあって、東京都板橋区の花となっているのが、このニリンソウである。この地に野生が多く、昔から親しまれてきた花だ。

キンポウゲ科イチリンソウ属（アネモネ *Anemone*）の多年草で、林下に群生することが多いが、土手などにも生え、意外に分布域が広い。早春芽生えて、切れ込みのある葉を五角形の掌状に広げて茂る。平地では桜の花が盛りの頃から、雪国では雪解けが始まると、それを待っていたように一斉に花が咲きだす。茎上に長めの細い花梗（かこう）を二〜三本出して、その先に真っ白な花を咲かせる。花梗を二本出して咲かせることが多く、一茎に二輪咲くということでニリンソウと名付けられたが、一輪のことも三輪のこともある。花びらは五枚のことが多いが、時にそれより弁数の多いこともある。ただし、この花びらは本当の花弁ではなく萼（がく）である。このように、キンポウゲ科のものには萼が花弁の代りをしているものが多い。

ニリンソウの名は二輪花を咲かせることが多いためだが、この仲間には一茎一輪のイチリンソウというのがある。花はニリンソウよりも大きく、同じように純白の花を開き、よく花びらの裏

和名：ニリンソウ
科名：キンポウゲ科
属名：イチリンソウ属
生態：多年草
学名：*Anemone flaccida*

が薄紅色を帯びることがあるため、ウラベニイチゲと呼ばれることもある。また、単にイチゲソウとも云われるが、これはどうやら「一花草」の意らしい。葉はニリンソウよりも切れ込みが深く、全体の形がニリンソウの五角形に対して三角形に近い。

一輪草、二輪草とくると、三輪草というのがあってもよいのではないか？　実はこの仲間にサンリンソウというのが確かにある。花梗が三本出て花を付けるところから、この名があるが、これも必ず三本花梗があるとは限らず、三本出るものが多いというだけのことだ。花はニリンソウよりもやや小さく、また花時が遅く、初夏の頃となるので、ニリンソウと見間違えることはない。葉は似ているが、ニリンソウには葉柄がなく、サンリンソウの方は葉柄があり、これによっても区別がつく。

このグループには、この他山林樹下に雪解けとともに白く大きな花を咲かせるアズマイチゲや、これを紫色花にしたようなキクザキイチゲ、中部以西から四国・九州に分布する、薄紫色花を咲かせるユキワリイチゲなどがある。このユキワリイチゲは、葉裏が赤紫色で葉面も紫色の斑点模様がある美葉種だ。最も小型なヒメイチゲは、亜高山帯や高山帯の針葉樹林帯で見かけるが、小さいので「いったい、どこにいるの?」という感じ。

この仲間は、春に一斉に花を咲かせ、わが世を謳歌するが、花後、間もなく葉が枯れて根株だけを残して消えてゆく。昆虫の仲間で、ギフチョウのように春の一時だけ姿を現すものをスプリング・エフェメラル（Spring Ephemeral）と云うが、植物の世界でもイチゲの仲間のように春の一時だけ花を咲かせるものをスプリング・エフェメラルと云う。

キンポウゲ科の植物には有毒なものが多いが、このニリンソウは有毒成分はなく、葉を茹でて胡麻よごしなどにすると、山菜にありがちな灰汁（あく）っぽいところがないので好む人が多い。ただし、一つ気を付けなければならないことがある。その葉が猛毒植物として有名なトリカブトに似ていて、間違えて食べて中毒を起すことがしばしばあるからだ。時に、両種が混生しているところもあるそうだから、これは注意しなければならない。

トリカブトの葉はやや厚手で艶があるが、ニリンソウの葉は薄手で艶がない。またニリンソウは葉に白い斑点模様の出るものが多いが、トリカブトにはない、というところが葉を見て区別できる点である。しかし、混生地などでは、まず、解らなくなってしまいやすい。そこで一つ、「これならば」という見分け方があるそうだ。トリカブトは秋咲きで、春には蕾は出ていない。したがって、蕾や花があるものを選んで採れば間違いないという。

板橋区にはニリンソウの野生地がいまだにあちこちにあり、区の花として大切にされている。都市化された東京近郊に、このような野の花が息づける場所がまだあるということは、何と素晴らしいことだろう。いつまでも、幻の花にならぬよう祈りたい。

キンポウゲ

Ranunculus japonicus

艶のある花というのは、それだけで引き立ち、存在感を示すものだ。雑草扱いにされる野の花の中で、いつも、その花の輝きにほれぼれするのがキンポウゲである。

キンポウゲ、正式にはウマノアシガタと云うが、キンポウゲの名の方がよく知られている。ウマノアシガタとは、その根生葉が「馬の脚形」のように丸っぽく見えるから名付けられたというが、あまり馬蹄形には見えない。ちょっと首をかしげたくなる名の付けようだ。キンポウゲは「金鳳花」と書くが、これは元来、この八重咲き種に付けられた名前だという。科名も昔はウマノアシガタ科と云ったが、今ではキンポウゲ科と云う。やはりキンポウゲの方が通りがよいのだろう。

春から初夏へかけて、土手や草地に生えて咲く黄金色の花はよく目立ち、近寄ると、陽を受けてきらきらと輝いて見える。まさに黄金の輝きである。

葉は切れ込みのある、三裂する掌状の根生葉で、茎立つと五〇センチメートルほどに伸び、枝分れしてその頂きに花を咲かせる。その茎は細めで、すっきりとした感じがする。

わが国にはキンポウゲ属（*Ranunculus*）の種類がいろいろとある。葉がボタンの葉形に似るキツネノボタンは、葉だけを見ると狐にだまされて牡丹に見えてしまうという意味だろうか。茎は

キンポウゲ

Ranunculus japonicus

和名：キンポウゲ
科名：キンポウゲ科
属名：キンポウゲ属
生態：多年草
別名：ウマノアシガタ
学名：*Ranunculus japonicus*

太めでキンポウゲよりごつい感じだ。これによく似て茎葉に微毛のあるケキツネノボタンというのもある。どちらも田圃の畦など、湿っぽいところに好んで生える。同様に田圃でよく見かけるものにタガラシというのがあるが、これは噛むと辛味があるところから付けられた名だ。だがこの一属、いずれも有毒植物なので間違っても食べないようにしてほしい。花付きはよいが、一輪一輪が小さく、径一センチメートルにも満たない。休耕田などに群生することが多く、田面（たのも）を黄色く染めて結構美しい。

本州中部以北に分布し、北海道の海岸に近い湿地でよく見かけるハイキンポウゲ（*Ranunculus repens*）は茎が地を這うように茂る。これと、野付半島に多いシコタンキンポウゲの二種は、ともにキンポウゲに似た鮮黄色の径二センチメートルぐらいの花を咲かせる。ハイキンポウゲはヨーロッパでもよく見かけるが、山岳地帯の湿り気の多い牧草地などでは、フランムラ種（*Ranunculus flammula*）の大群落によく出会う。これを牧草地でよく見かけるのは、牛や羊が食べない有毒植物だからだろう。

キンポウゲの群生で忘れられないのが、トルコでの体験だ。イヒララ渓谷から有名なカッパドキアへ抜ける峠道を越えたところに、今は廃墟となった赤壁の古い教会がある。その辺り一面を咲き占めるキンポウゲの大群落は、それは息を呑むほどの光景だった。教会の赤壁と、キンポウゲの黄金色のコントラストが何とも云えず美しかった。

海外ではキンポウゲの大群落にしばしばお目にかかるが、わが国ではそれほどの群落は見たことがない。ニュージーランドやオーストラリアでも大群落をよく見かけるが、これはヨーロッパ辺りから帰化したもので、わが国のキンポウゲとは別種のものであろう。

キンポウゲ類によく似た黄金色の花を咲かせ、よくこれと間違えられるものに、バラ科のキジムシロ属（ポテンティルラ *Potentilla*）がある。キンポウゲ類は花びらに光沢があるが、キジムシロ属の花には艶がないので、このことを覚えておけば、まず間違えることはない。また、同じバラ科のダイコンソウの花もよく似ているが、これも艶がないし、根生葉の形がその名のように大根の葉に似ていて、キンポウゲ類とはまったく違う。

わが国のキンポウゲ類は、いずれも黄花であるが、ヨーロッパにはアコニティフォリウス(*Ranunculus aconitifolius*)やパルナッシフォリウス(*Ranunculus parnassifolius*)など、白花の種類が何種もある。特にアコニティフォリウスはしばしば大群落を作り、山肌一面、雪が降り積もったように、白一色に咲く光景を目にすることができる。

キンポウゲ属の白花種で、何といってもこの仲間の女王とも云えるのが、ニュージーランドの高山帯に野生するマウント・クック・リリー(Mount Cook Lily/ *Ranunculus lyallii*)だ。ツワブキのような艶のある大きな丸型の葉を茂らせ、時に一メートル近くにも伸びる茎を立てて、十一月頃、他の高山植物に先がけて、大輪の、雪のように白い花を咲かせる。いつ見ても、その清々しい女王の姿にほれぼれする。

園芸的にラナンキュラスと呼ばれる秋植え球根があるが、これは西アジアから地中海地方に野生するハナキンポウゲを園芸化したものだ。赤、ピンク、白、黄と花色も豊富で、八重咲き種もある。この八重咲き種は、まるでペーパーフラワーのようだが、野生のものは一重咲きで、花弁が厚く、たくましく咲く。

ユキノシタ

Saxifraga stolonifera

昔は、家の北側など陽の差さない場所にユキノシタがはびこっていることが多かったが、最近はこのような光景を見ることが少なくなったような気がする。

浅い切れ込みのある厚手の丸っこい葉を根生し、その表面には絵に描いたように薄紅色や白緑色の模様が入り、よく見ればなかなかの美葉種である。晩春から初夏へかけて三〇センチメートルぐらいの赤味を帯びた細い花茎をすっと伸ばし、その先に小花梗（かこう）を枝分れするように何本も出して白い花を付けるが、五弁のうち白い下二弁が足を踏ん張っているように長く伸びる。上下三弁はごく小さいが、よく見ると一弁に赤い斑点模様が四つ散りばめられ、なかなか洒落た色合いだ。加えて上花弁より長い雄蕊（おしべ）が放射状に突き出ていて、これも一つのアクセントとなっている。小さな花なので、よく見ないとこのようなことが解らないが、その造形の妙に感心させられてしまう。そしてこの花、遠目で見ると白い長袴（ながばかま）をはいた奴（やっこ）さんが踊っているようにも見えて、どこか微笑ましい。花付きは粗いが、かえって楚々とした美しさがある。

このユキノシタ、庭に植えられているだけでなく、わが国各地の山地などの日陰地に群生していることが多く、日本在来の植物然としているが、元々は古く中国より渡来した帰化植物であるとも云われていて、中国では「虎耳草（こじそう）」と云う。たぶん、その丸型の葉を虎の耳に見立ててのこ

和名：ユキノシタ	生態：多年草
科名：ユキノシタ科	学名：*Saxifraga stolonifera*
属名：ユキノシタ属	

とであろう。

ユキノシタは「雪の下」と書くが、その語源にはいろいろな説があるらしい。葉に白い斑（まだら）模様のあるものが多いことから、これを雪に見立てたという説。ただし、白い斑模様ではなく、薄紅色のものも結構多いので、この説、果たして正しいのだろうか。別に下二弁が白く舌を出したようなので「雪の舌」だとする説もある。そう云われると、そんな気もするが、この舌、二枚だから二枚舌？　ということになる……。その他、常緑葉であるため、冬に雪の下でも緑の葉があるところから「雪の下」だとも云われる。はてさて、どれが本当なのだろうか。

学名のサキシフラガ・ストロニフェラ（*Saxifraga stolonifera*）のサキシフラガとは「石を割る」という意味で、この仲間は岩場に生えることが多いためだろう。ストロニフェラとは「匐枝（ふくし）のある」という意味で、この植物、イチゴのように株元から匐枝を出して、その先に小苗を作り根を下ろして殖えてゆくところから付けられた種名である。

ユキノシタ属には多くの仲間があり、わが国でもいろいろな種類が見られる。普通のユキノシタにも、葉辺が白いフイリユキノシタや葉裏が赤いウラベニユキノシタなどがあり、園芸的に栽培されることがあるが、それにも増して最近ブームになっているものにダイモンジソウというのがある。花はユキノシタに似ているが、上三弁はやや大きく、下二弁が長く二股に開き、大の字形になるために「大文字草」という。これには赤花やピンクのものなどの色変り品や、葉形にもいろいろな変種があってマニアが多い。この赤花種は、以前は高価で取り引きされていたが、近頃はメリクロン（生長点培養法――バイオテクノロジー技術の一つ）によって優良株を大量に殖やせるようになってから、すっかり安価になり、誰もが気軽に入手できるようになったのがうれしい。

ダイモンジソウは大の字に見立てたが、人の字に見立てたジンジソウ（人字草）というのもある。これは上三弁が小さく、下二弁が目立って長く、確かに人の字型に見える。

この他、色丹島の名を冠した高山性のシコタンソウ、稀少種と云われる高山の礫地に野生するクモマグサ、同じく高山性でムカゴ（珠芽）を付けて殖えるムカゴユキノシタなど、高山や深山に生息する種類が多い。

昔、ユキノシタが裏庭などによく植えられていたのは、観賞用の他、薬草として大変役立つ植物であったためでもある。近頃は栄養状態がよくなったせいか、霜焼けにかかる人が少なくなったようだが、昔は冬の間、冷水を使うことが多かったこともあって、手足を霜焼けで腫らす人が多かった。この時、ユキノシタの葉の汁を塗るとよく治るし、火傷やかぶれなどにもよく効く。この他、子供のひきつけ、扁桃腺炎の治療に用いるなど、応急の処置に大いに役立つことも、よく植えられていた理由の一つだろう。加えて、この葉は天ぷらにして食べても結構美味しい。

ニワゼキショウ

Sisyrinchium atlanticum

この頃は、庭に芝生を張る家が少なくなった。これは昔と違って庭が狭くなったことと、家々が立て込んで陽当たりが悪くなり、芝がよく育たなくなったためと思われる。

よく、何も植えないと雑草ばかり生えて困るから芝生にしてしまおうと、芝を張ることがあるが、これは大変な考え違い。芝生にしたとても、その中にやたらと草が生える。芝生の草取りほど骨の折れることはない。ぎっしりと張りつめる芝の地下茎の隙間に雑草が根を下ろしてしまうので、これを丹念に一本ずつ引き抜かねばならないから、草取り仕事では最も骨が折れるし、根気が要る。

東京の駒場に住んでいた子供の頃、わが家には芝生があった。特に園芸趣味があったわけではない父が、なぜか芝生の手入れだけはよくやっていた。芝が伸びだすと、芝刈り機を持ち出して、行きつ戻りつして芝刈りを始める。普段、ほとんど運動などしない父にとっては、これがほどよい運動にもなったのだろう。この時、よく手伝わされたのが芝生の草取りだった。カタバミは引き抜いたつもりでいても根が残ることが多く、取っても取っても生えてきて憎らしさがつのる。スズメノカタビラは穂が出てこないと、芝と区別が付けにくい。

この芝生によく生えていたのが、ニワゼキショウである。これも葉が芝に似ているので、普段

和名：ニワゼキショウ
科名：アヤメ科
属名：ニワゼキショウ属
生態：多年草
学名：*Sisyrinchium atlanticum*

は気が付かないでいるが、花が咲くと意外に目立って存在感を現す。小さな花だが、青紫色の花を、瞳を開いたようにぱっちりと咲かせる。一日で萎んでしまう短命な花だが、群がって咲くと見とれてしまうほどの愛らしさだ。これが芝生に入りだすと、ついつい引き抜けなくなり、残してしまうことになる。花の後には丸く小さな果実がなり、種子がこぼれて、たちまちのうちに殖えてくる。そうこうしているうちに、年々芝生の中にはびこって、肝心の芝が負けてしまい、その席をニワゼキショウに譲りかねない。芝生にとっては嫌な雑草だが、どうにも憎めない。芝を立てるか、ニワゼキショウを立てるか、平重盛の心境と云うと大袈裟だが、いつも悩んでしまう。

ニワゼキショウはわが国各地で見られるが、元々は北アメリカ生れの帰化植物で、明治二十年頃にやってきたようだ。観賞用草花として渡ってきたとも、研究用として持ってこられたとも云われているが、渡来してからたちまちのうちに居ついて、広まってしまったらしい。

帰化植物は数多いが、故郷を調べてみると、北アメリカ生れというのがかなり多く、セイタカアワダチソウ、ヒメジョオン、オオマツヨイグサ、ブタクサなど、爆発的に殖えて野生化したものが多いような気がする。アメリカ人、いやアメリカ草にとって、どうやら日本は、よほど住み心地がよいようだ。

ニワゼキショウ属（シシリンキウム *Sisyrinchium*）の植物はアメリカ大陸に七〇種ほどあると云われるが、ニワゼキショウは東部が生れ故郷で、向うではブルー・アイド・グラス（Blue-eyed grass）と云う。この仲間には黄花や白花の種類や、草丈が五〇センチメートルぐらいになる大型種もある。わが国にも数種が入っていて、時に栽培され小鉢植などで市販されていることがあるが、珍しさはあっても、美しさの点ではニワゼキショウには及ばない。

ニワゼキショウは漢字で書けば「庭石菖」で、庭に生えてその葉がサトイモ科のセキショウに似るために名付けられたものである。セキショウは菖蒲（しょうぶ）湯に用いるショウブの仲間で、細い線状で濃緑色の葉が美しいため、いろいろな園芸種があるが、ニワゼキショウの葉は、その小型品種の葉によく似ている。

属名のシシリンキウムは、「豚の鼻」という意味だそうだが、なぜ豚の鼻なのかよく解らない。英名ではブルー・アイド・グラスの他、ピッグ・ルート（Pig Root）、直訳すれば「豚の根っこ」という名もあるが、どうもこの仲間、豚と何か関係があるのかもしれない。

豚といえば、シクラメンの英名をソウブレッド（Sowbread＝豚のパン）と云い、わが国へ入ってきた時、植物学者がこれを訳して、パンではなく饅頭（まんじゅう）に見立てて、和名をブタノマンジュウと名付けた。これは、この球根を猪が好んで食べるということから名付けられたらしい。ニワゼキショウの根も、豚は好んで食べるかしら……。

あの可憐な花と、豚とは、どうしても結びつかない。

スズメノテッポウ

Alopecurus aequalis

田起し前の田圃には、いろいろな野の花が咲く。ピンクのカーペットを敷きつめるレンゲ、淡雪が積もるように咲くタネツケバナ、うっすらと田面（たのも）を黄色く染めるタビラコの花、畦道や土手には空色のオオイヌノフグリが微笑み、ホトケノザの紫紅色の花が彩りを添える。のどかな春の田圃のひとときだ。

それらとともに、田圃一面に、まるで綿棒を立てたように可愛い穂を並べて群生する、スズメノテッポウが生えている光景を見ることがある。スズメノテッポウ、何と微笑ましい名前であろう。その小型の花穂を小さな鉄砲に見立てて、この名が付けられたという。わが国各地の田圃や畦、時に畑にも入り込んでくるイネ科の越年生一年草。その綿棒のような穂はふかふかした感じで、穂の外側に小さな黄褐色の葯（やく）が散りばめられ、遠くから見ると霞んだようにも見えて、のどかさが漂う。どこにでも見られる草のためか、いろいろな別名がある。ヤリクサ（槍草）、スズメノヤリ（雀の槍）は、その花穂を槍に見立てた名だが、それを枕に見立ててスズメノマクラというほのぼのとした別名もある。

属名のアロペクルス（*Alopecurus*）とは「狐の尾」という意味で、その花穂を狐のしっぽに見立てたようだ。この仲間、わが国には幾つかの種類が野生する。

スズメノテッポウ
Alopecurus aequalis

和名：スズメノテッポウ
科名：イネ科
属名：スズメノテッポウ属
生態：越年生１年草
別名：ヤリクサ、スズメノヤリ、
　　　スズメノマクラ
学名：*Alopecurus aequalis*

スズメノテッポウ同様、田圃に群生するセトガヤは、スズメノテッポウに似ているが、芒（のぎ）が目立つとともに葯が白いので区別しやすい。通常「瀬戸茅」と書くが、なぜ瀬戸なのかよく解らないようだ。牧野富太郎博士は、瀬戸ではなく「背戸」、すなわち裏口の意で、家の裏側の田圃に生えているというところからではないか、という意見を述べられているが、表の田圃にも生えているだろうし、この解釈はかなり苦しい。セトガヤは関東以西に分布していて、スズメノテッポウと混生していることもあるから、ひょっとすると雑種があるかもしれない。

もう一種、オオスズメノテッポウというのもある。名のように大柄で、草丈一メートルにもなり、花穂も太く大きい。これならば狐のしっぽと見てもよいだろう。各地に野生しているが、元来はヨーロッパからの帰化植物で、明治の初めの頃、牧草として輸入され、それが逃げ出して野生化したものだ。前二種は一年草だが、こちらは多年草で、匐枝（ふくし）を出して茂る。

このアロペクルス属の近縁のグループにフェレウム属（*Phleum*）というのがあり、アワガエリがその代表種。スズメノテッポウよりやや丈が高く、花穂も長い。住処（すみか）も少々違い、田圃よりも陽当りのよい原野によく生えている。アワガエリとは「粟還り」の意で、その花穂がアワの穂にちょっと似ている（アワの穂よりずっとスリムで、アワのように穂が垂れない）ので、アワが還ったというところから名付けられたらしいが、アワとは別属の植物である。この仲間には、これの小型品種のコアワガエリという草丈二〇センチメートルぐらいのものや、反対に丈高く一メートル以上にも伸びるオオアワガエリというのもある。これは元々わが国在来のものではなく、オオスズメノテッポウと同じように明治の初め頃、牧草として入ってきたもので、畜産業界の方ではチモシーと呼んでいる。これが各地に野生化していて、北海道などでは道端の雑草として、ごく普通に見られる。

この他、ミヤマアワガエリというのもある。学名をフェレウム・アルピヌム（*Phleum alpinum*）

というように、高山に居ついた種類で、高山植物らしく丈は二〇センチメートルほどと低く、花穂も短い。植物名には、よくミヤマ（深山）という名を冠したものがあるが、全種が深山に生えているかというと、必ずしもそうではないから厄介だ。素人にとっては、高山性のものはタカネ（高嶺）何々とあれば間違いないと思うが、植物の名前の付け方はかなり大雑把なことが多い。

昔は、春の田圃といえば子供にとって大変楽しいところだった。草遊びをする絶好の場所で、摘み草に楽しいひとときを過ごしたものだった。スズメノテッポウも、草遊びの材料の一つ。その穂を引き抜いて、笛を作って遊ぶのである。こんな遊びは今の子供たちは知らないだろうが、小さい時から野に出て自然を相手に遊ぶことが、どんなに素晴らしく大切なことか、大人たちも考えてほしいと思う。

アマナ

Amana edulis

江戸の昔、人々の飲料用水として多摩川より引かれたのが玉川上水。私の子供の頃は水量多く、滔々と流れ、見るからに呑み込まれるような恐ろしさがあった。落ちればまず助からない。人喰い川とも呼ばれ、近づくな、とよく云われたものである。今ではその役目も終えて、わずかに水を流している程度になったが、この玉川上水辺りにはいろいろな野草が生えていて、植物観察には面白いところであった。五日市街道沿いの中流域は小金井堤の桜として、山桜の並木が春の訪れとともに咲き競い、その下には春の野の草々が春を謳う。今では見られなくなってしまったが、その中にアマナの花がひっそりと咲く姿をよく見かけたものだ。花びらの裏に紫色の条(すじ)模様の入った白い六弁の花を咲かせる。陽を受けて開いた花は、夕方になると花を閉じて夜の眠りに入る。細長い葉はやや厚手で、地面に寝るように茂る。

春の花壇を飾る球根草花の中で、子供でも知っているのがチューリップの花。赤、白、黄色とその艶やかな花は春の庭飾りには欠かせない存在だ。この園芸種のチューリップは西アジアからトルコなど、小アジア原産の数多くの野生種を基に改良されたもので、大変バラエティーに富んでいる。

アマナもチューリップの一種だよ、と云うとびっくりする人が多い。チューリッパ属（*Tulipa*）

和名：アマナ
科名：ユリ科
属名：アマナ属
生態：多年草
学名：*Amana edulis*

の植物は、ほとんどが西アジア、小アジアから地中海地方に分布しているが、東アジアのさらに東はずれのわが国に、この仲間があるのはちょっと不思議にも思う。そのためか、属名もチューリッパ属になっていることが多いが、アマナ属（*Amana*）という独立したグループに入れられてもいる。これは学者の見解の相違によることだと思うが、いずれにしても非常に近いことは間違いない。

アマナは各地に広く分布していて、土手などでも見られることが多いが、山地の陽当りのよい芝地などにも咲いていることがある。チューリップ同様、地下に球根があり、チューリップのそれよりずっと小さく、食べると甘みがあるのでアマナと云う。余談だが、チューリップの球根も甘みがあって、百合根に似た味わいで食べられる。戦争中の食糧難時代、勤めていた農事試験場にもチューリップが植えられていた。その頃は花など植えていると、国賊扱いされた時代だ。植えられていたチューリップも引き抜かれてしまった。誰かが、チューリップの球根は食べられるということを聞き及んできたので、それではもったいないから食べてしまおうということになって、外皮を剝（む）いて煮て食べてみた。意外や意外、結構いけるではないか。戦後、チューリップ球根の特産地、新潟県でチューリップ羊羹（ようかん）というのが作られていたということを耳にしたことがあるが、今でもあるのだろうか。

アマナの仲間にもう一種、ヒロハノアマナというのがある。アマナと同じような花を咲かせ、大変よく似ているが、葉幅が広く、その中央に白く目立った条が入るので、葉を見ればすぐに区別できる。ヒロハノアマナの方は分布が限られているようで、なかなか見られないと云われるが、私はかつて二度ほど見た記憶がある。その時は、それほど珍しい種類ということを知らなかったので、どこで見たのかよく覚えていないのが残念だ。

アマナの名が付けられているものが他にもある。ヒロハノアマナとは反対に、ホソバノアマナというのがあり、アマナよりさらに細長い葉で根生葉は一枚しかない。晩春の頃、二〇センチメートルほどの茎を出して、白地に緑色の太い条のあるアマナに似た花を咲かせる。アマナの名が付くが、アマナ属ではなくチシマアマナ属（*Lloydia*）の植物で、この仲間には高山に野生する小型のチシマアマナというのもあり、白地に薄赤いぼかしの入る、ごく小さい花を一輪咲かせる。この仲間で、ヨーロッパアルプスやアラスカでよく見かけるアルプ・リリー（Alp Lily）と呼ばれるセロティナ種（*Lloydia serotina*）というのがあり、チシマアマナによく似ている。

この他キバナノアマナという黄色花を咲かせるものがあるが、これも別属のキバナノアマナ属（*Gagea*）の植物である。

玉川上水辺りのアマナも、近頃ではほとんど見かけなくなってしまった。昔は身近にあった野の花が、だんだんと少なくなってきて、何か寂しい。

メキシコマンネングサ

Sedum mexicanum

多肉植物というと、砂漠のような乾燥地帯の植物と思われがちだが、必ずしもそうとは限らない。雨の多いウェットなわが国にも結構ある。特にベンケイソウ科の植物はいずれも多肉植物で、ベンケイソウ、ミセバヤ、キリンソウ、ツメレンゲなど、幾つものセドゥム属（*Sedum*）の植物が野生している。

この中にマンネングサと総称するグループがあり、いずれも地を這うように多くの茎を茂らせ、黄色いごく小さな星状の花をたくさん咲かせる。代表的なのが、ただマンネングサと呼ばれる種類で、各地の山地に野生する。昔から庭植にされて楽しまれてきたもので、斑(ふ)入り葉の園芸品種まであり、別名オノマンネングサ（雄の万年草）とも云う。これに対してメノマンネングサ（雌の万年草）というのもあり、岩場や崖などによく生える。葉は短い棒状の多肉葉で、初夏の頃、茎頂にヒトデ状に小枝を広げて黄色の小花を綴る。

ツルマンネングサは、茎が蔓(つる)状に地を這って密生し、繁茂するとまるで苔が生えているように見える。丸っこい小さな葉を密生させ、冬になると紅葉するタイトゴメは、紅白二種の米粒がある大唐米に因んで名付けられたという凝った名前の種類だが、これも万年草の一属だ。これ以外にも、海岸の岩場で見られるハママンネングサ、丸みのある葉を持つマルバマンネングサ、葉腋(ようえき)

和名：メキシコマンネングサ
科名：ベンケイソウ科
属名：マンネングサ属
生態：多年草
学名：*Sedum mexicanum*

にムカゴを生じて、これがこぼれ落ちて殖えるコモチマンネングサという変り者もいる。

最近、これら以外に、あちこちで観賞用に植えられてもいるが、半ば野生状態でよく見かけるようになったのが、メキシコマンネングサだ。この仲間では花付きがよく、花盛りには株が花で隠れるほどに咲き、見事なゴールデンカラーで地表を覆う。名のように、わが国の在来種ではなく、外来の帰化植物である。名前からするとメキシコ原産かとも思うし、学名もセドゥム・メキシカヌム（*Sedum mexicanum*）となっているが、本当にメキシコ産のものかどうか定かではないようだ。

マンネングサの属するセドゥム属は、世界中に非常に多くの種類があり、三五〇種にも及ぶとも云われ、ベンケイソウやキリンソウ、ツメレンゲなどのようにマンネングサ類とは形態の異なるものも多い。タイプ別に属を分けた方が一般には解りやすいと思うが、これは素人考えということなのかもしれない。

マンネングサは「万年草」の意で、性質が強く乾燥にも耐え、ちょっとやそこらで枯れることがなく、いつ見ても茂っているところから付けられた名である。切り取って捨てておいても、いつの間にか根付いてしまうほどだ。

近頃、コンテナ・ガーデンと称して、花鉢などにいろいろな草花を寄せ植えするのがはやっているが、その一つに多肉植物の寄せ植えというのがある。その材料によく使われるのがこのマンネングサ類で、最近は各種のマンネングサがセダムの名で売られている。多くは外来種のようだが実に丈夫で、ほったらかしておいても、まず枯れることはない。まさに万年草である。

メキシコマンネングサ
Sedum mexicanum

定本　柳宗民の雑草ノオト　春

二〇一九年一月一五日　印刷
二〇一九年一月三〇日　発行

著者　柳　宗民
画　三品隆司

発行人　黒川昭良
発行所　毎日新聞出版
〒一〇二-〇〇七四
東京都千代田区九段南一-六-一七　千代田会館五階
営業本部　〇三-六二六五-六九四一
図書第一編集部　〇三-六二六五-六七四五

装丁　中島　浩

印刷・製本　光邦

ISBN 978-4-620-32565-1

柳 宗民（やなぎ・むねたみ）

園芸研究家。一九二七年、民芸運動の創始者・柳宗悦の三男として京都市に生まれる。栃木県農業試験場助手、東京農業大学研究所研究員を経て独立。柳育種花園を経営するかたわら、執筆やテレビ・ラジオで活躍した。（社）園芸文化協会評議員、英国王立園芸協会日本支部理事、恵泉女学園大学園芸文化研究所顧問を歴任。著書に『ゼラニューム　ＮＨＫ趣味の園芸――よくわかる栽培12か月』（日本放送出版協会）、『かんたん宿根草花――育て方・楽しみ方』（西東社）など多数がある。二〇〇六年二月、逝去。

三品隆司（みしな・たかし）

科学ライター・イラストレーター。一九五三年、愛知県生まれ。主に自然科学書の企画、製作に携わる。美術、民俗学にも深い造詣を持つ。著書、共著書に『図解 SPACE ATLAS』『アインシュタインの世界』『いちばんわかりやすい解剖学』（以上、ＰＨＰ研究所）、『雪花譜』（講談社カルチャーブックス）、『歌の花、花の歌』（明治書院）、『調べる学習百科　月を知る！』『調べる学習百科　火星を知る！』（岩崎書店）などがある。

＊本書は二〇〇二年十二月初版刊行の『柳宗民の雑草ノオト』と二〇〇四年三月初版刊行の『柳宗民の雑草ノオト②』を基に、季節ごとに再編集したものです。
復刊に際し、本文用紙をカラー印刷適正に優れたものに改め、イラストそのものもより自然に近い色彩を目指し、製版時に色調補正等を行いました。本文については、一部訂正した箇所もあります。

INDEX

ク

シ

セ

ヒ

A

X